A. von Graefe

Ueber die Operation des dynamischen Auswärtsschielens

Besonders in Rücksicht auf progressive Myopie

A. von Graefe

Ueber die Operation des dynamischen Auswärtsschielens

Besonders in Rücksicht auf progressive Myopie

ISBN/EAN: 9783743657625

Hergestellt in Europa, USA, Kanada, Australien, Japan

Cover: Foto ©berggeist007 / pixelio.de

Weitere Bücher finden Sie auf **www.hansebooks.com**

des

dynamischen Auswärtssch[...]

besonders

in Rücksicht auf progressi[...]

von

A. v. Graefe

(Separat-Abdruck aus den „Klinischen Monatsbl. f. Augenhlkde."
VII. Jahrgg. August/September-Heft.)

Rostock.

Druck von Adler's Erben.

(Separat-Abdruck aus den „Klinischen Monatsbl. f. Augenhlkde."
VII. Jahrgg. August/September-Heft.)

Ueber die Operation des dynamischen Auswärtsschielens, besonders in Rücksicht auf progressive Myopie

von

A. v. Graefe.

Es giebt gewisse Gegenstände, welche uns insofern nicht zu Veröffentlichungen auffordern, als die wesentlichen Gesichtspunkte, die sie betreffen, entweder bereits entwickelt oder wenigstens angedeutet vorliegen, welche aber dennoch einer erneuten Erörterung bedürfen, weil über dieselben noch keineswegs eine übereinstimmende Verständigung durchgedrungen ist. Mit Recht taucht rücksichtlich derselben bei uns die Vermuthung auf, dass die früher von Anderen oder von uns selbst gegebene Darstellung nicht erschöpfend genug gewesen sei, dass sie nicht vermocht habe, Bedenken und Einwürfe ausreichend zu entkräften, dass sie vielleicht das Integrirende nicht gehörig in den Vordergrund gestellt, dem Nebensächlichen eine ungebührende Rolle zuertheilt habe.

Zu diesen Gegenständen gehört meines Erachtens die operative Beseitigung der Insufficienz der inneren Augenmuskeln oder des dynamischen Auswärtsschielens. Während ich selbst diese Operation jährlich 120 bis 150 Mal ausführe und in derselben eins der

wirksamsten Heilmittel, nicht blos gegen eine häufig vorkom-
mende Asthenopieform, sondern den Schutz gegen eine der
allerverbreitetsten Gefahren, welche die Erhaltung der Augen
bedrohen, nämlich gegen die fortschreitende Kurzsichtigkeit
erblicke, finde ich dieselbe noch immer von einigen sehr
schätzenswerthen Fachgenossen auf seltene, fast exceptionelle
Indicationen eingeschränkt und da vernachlässigt, wo grade
die glänzendsten Bedingungen für deren Gelingen vorliegen,
von noch anderen finde ich sie aus Befürchtung einer etwai-
gen excessiven Wirkung geradezu unterlassen; und wirklich
kommen mir alljährlich wohl ein Dutzend wegen des frag-
lichen Zustandes Operirter unter die Hände, bei welchen auf
Grund ungenauer Abmessung des Effects eine störende
Diplopie entstanden ist.

Unter solchen Umständen halte ich es für nützlich, auf
eben diesen Gegenstand noch einmal zurückzukommen. Kann
ich es auch hierbei nicht vermeiden, bereits Erörtertes zu
wiederholen, so habe ich doch nach dem Verlaufe, den die
Praxis inzwischen genommen hat, verschiedene Umstände
anders zu betonen und einige Winke und Ergänzungen hinzuzufügen, die hoffentlich den Fachgenossen nicht ganz über-
flüssig erscheinen werden.

I.

Was zunächst die Einwirkung der Operation auf vorhandene asthenopische Beschwerden anbetrifft, wenn diese
letzteren von der Störung des lateralen Muskelgleichgewichts
abhängen, so ist diese ziemlich allgemein anerkannt worden.
Schon die oft glänzende Abhülfe, welche abducirende prismatische Brillen gegen solche Beschwerden gewähren und
die ja in der Regel nichts anders darstellt, als einen Theil
der zu erreichenden Operationswirkung, musste das Urtheil
hierüber günstig stimmen; dann aber die schlagende Angabe
so vieler Patienten, welche unmittelbar nach der Operation
mit einem ganz anderen Behagen als vorher zu fixiren und
dauernd zu fixiren versichern. Wir können uns die Wandelung des Zustandes in dieser Beziehung nicht besser versinn-

lichen, als wenn wir selbst, voraussetzlich mit gesunden
Lateralmuskeln begabt, uns ein adducirendes Prisma aufsetzen,
und so beim Arbeiten mit den betreffenden Accommodations-
ständen ganz ungebräuchliche, nach der Grenze der positiven
Fusionsbreite gewaltsam verrückte Convergenzstände verge-
sellschaften. So gut als das Arbeiten unter einem solchen
adducirenden Prisma die Augen eines Gesunden im höchsten
Grade angreift, ziehende, reissende und allerlei schmerzhafte
Empfindungen in denselben und in deren Umgebungen her-
vorruft, welche auch wohl bald die Nothwendigkeit der Ar-
beitsunterbrechung herbeiführen, endlich durch Rückwirkung
auf die Gefässnerven zuweilen sichtbare Augencongestionen
einleiten — ganz ebenso wird ein an dynamischem Auswärtsschielen Leidender von Beschwerden der verschiedensten ·
Art betroffen werden, wenn sich seine beiden Sehlinien im
Objecte kreuzen. Für ihn ist die divergirende Stellung
die natürliche, d. h. die ohne besondere Anspannung von
Willenskraft mit dem betreffenden Accommodationszustande
associirte, die fixirende dagegen entspricht eben jener
Fusionsanstrengung, wie sie das gesunde Auge unter
dem adducirenden Prisma vollführt. Nothwendigerweise wird
ein solcher Patient auch von der Abnahme jener Fusionsanstrengung auf operativem Wege ganz dieselbe Wohlthat
erfahren, wie der Gesunde, wenn wir ihn von dem lästigen
adducirenden Prisma befreien.

II.

Nicht so rasch und allgemein als der Einfluss auf die
asthenopischen Beschwerden ward die Einwirkung
der Operation auf die Fortschritte der Myopie anerkannt. Natürlich konnten empirische Beweisgründe hierfür
nur durch lange, meist Jahre hindurch fortgesetzte und zahl-
reiche Beobachtungen gewonnen werden. Schon in meiner
ersten Arbeit (siehe A. f. O. VIII, 2, pag. 362) theilte ich
mit, dass ich bei progressiven Myopieen, bei welchen
Insufficienz der Interni vorhanden, einen entschieden günstigen Einfluss der Externus-Tenotomie auf die Fortschritte

der Myopie mehrfach constatirt. Da es ausserdem a priori annehmbar war, dass grade die gegen das musculäre Gleichgewicht erzwungenen Convergenzstellungen weit mehr als hohe Convergenzstände an sich die Fortschritte der Myopie fördern (l. e.); so glaubte ich schon damals, zureichenden Grund zu haben, die Operation, auch unabhängig von Asthenopie, gegen progressive Myopie zu empfehlen.

In den letzten sieben Jahren ist nun meine Aufmerksamkeit ganz besonders auf diesen Punkt gerichtet gewesen. Wenn man sich die Folgenreihe von Gefahren vergegenwärtigt, mit welchen die an progressiver Myopie Leidenden bedroht sind, so musste gewiss ein Verfahren der Beachtung werth erscheinen, welches hiergegen Schutz zu bieten verheisst, ohne den Patienten die für die Meisten undurchführbare, für Alle überaus grausame Abstinenz von jeder Arbeit aufzuerlegen. Ich habe mich deshalb die Mühe nicht verdriessen lassen, über sämmtliche Fälle exquisit progressiver Myopie, welche zu einem mehrjährigen Verfolg vor der Operation und nach der Operation Gelegenheit boten (hiesige oder solche Patienten, die in regelmässigen Zeitabständen nach Berlin kommen), ein genaues Journal zu führen, und ich kann als Gesammtresultat dieser Aufzeichnungen hervorheben, dass sich der günstige Einfluss der Operation gegen Myopia progrediens auf das Glänzendste bewährt hat.

Ich beabsichtigte von achtzig während eines mindestens vierjährigen Zeitraumes verfolgten derartigen Fällen hier eine tabellarische Uebersicht zu geben, allein bei der Ausarbeitung selbst stellte sich heraus, dass, wenn hierdurch der thatsächliche Boden, auf welchem meine Ueberzeugung fusst, erhellt werden sollte, für die einzelnen Patienten sehr viele Zusätze nöthig wären, rücksichtlich auf die eingehaltene Arbeitsdauer, den gleichzeitig, resp. nach der Operation zu Hülfe gezogenen Gebrauch prismatischer Brillen, die Wirkungsweise der Operation selbst, die ja die Gleichgewichtsstörung für die Nähe sehr häufig nur verringert, nicht aufhebt, etwaige Exclusion des einen Auges für die Distanz der

Arbeit, die Nothwendigkeit, sich stärkerer Concavgläser für einen Theil der Beschäftigungen zu bedienen u. s. w. Statt dieser extensiven und wahrscheinlich für die meisten Leser ermüdenden Zusammenstellung, begnüge ich mich anzuführen, dass von jenen achtzig Fällen progressiver Myopie nur sechs in stärkerem Grade progressiv, vier schwach progressiv geblieben sind, während in allen übrigen der stationäre Character, resp. jene scheinbare Verringerung der Myopie sich herausstellte, auf welche ich unten zurückkommen werde. — Ich betone, dass alle Fälle in den letzten zwei Jahren vor der Operation sich auffällig verschlechtert hatten, z. B. von M. $\frac{1}{7}$ auf M. $\frac{1}{4,5}$, von M. $\frac{1}{24}$ auf M. $\frac{1}{10}$, von M. $\frac{1}{12}$ auf M. $\frac{1}{5}$, während überhaupt Fälle geringer Zunahme nicht registrirt wurden; ferner, dass in fast allen Fällen prismatische, resp. concav-prismatische Gläser vor der Operation mit unzureichendem Erfolg gebraucht waren, endlich, dass die Arbeit, allerdings meist mit Unterstützung prismatischer Gläser, nach der Operation mindestens in demselben Umfange und derselben Dauer gestattet wurde, als es vor der Operation geschehen war.

Unmöglich darf man den Skepticismus so weit treiben, für den plötzlichen Anhalt der Myopie, der in der überwiegenden Mehrzahl jener Fälle constatirt ward, lediglich dem Zufall die Vermittelung in die Hände zu legen. Freilich kann, als Ausnahme, ein jeder Fall progressiver Myopie nach einer gewissen Fortschrittsperiode in eine stationäre Periode eintreten, und ich würde einen Schluss gewiss nicht wagen, wäre das Verhältniss ein umgekehrtes gewesen und von den achtzig Fällen zehn stationär geworden, siebenzig progressiv geblieben. Aber so wie die Zahlen lauten, können wir füglich nicht im Schwanken bleiben und es ergiebt sich der für die Lehre höchst wichtige Schluss, dass die Störung des lateralen Gleichgewichts ein überaus wichtiges Moment für die Fortschritte der Myopie abgiebt.

III.

Wir können über diesen Satz nicht hinweggehen, ohne bei den näheren B e z i e h u n g e n d e s d y n a m i s c h e n A u s - w ä r t s s c h i e l e n s zu dem W a c h s t h u m d e r M y o p i e etwas zu verweilen. Es ist zunächst nicht ausser Acht zu lassen, dass, falls anders die (dynamische) Gleichgewichtsstörung sich durch die ganze Sehstrecke ausdehnt, der Patient überhaupt s e i n e n A c c o m m o d a t i o n s a p p a r a t n i e m e h r v ö l l i g e n t s p a n n t. Ermitteln wir für die Entfernung binocular seinen Myopiegrad, so fällt derselbe zu hoch aus und sinkt erst auf das richtige Maass, wenn wir entweder durch ein abducirendes Prisma den musculären Gleichgewichtszustand herstellen, oder wenn wir durch Verdecken eines Auges dem Patienten anheimgeben, eine diesem Gleichgewichtsstande entsprechende Divergenz einzu- leiten, oder endlich, wenn er spontan das eine Auge excludirt. Da letzteres vielen Kurzsichtigen in der Nähe geläufiger ist, als in der Entfernung, so stellt sich denn auch nicht selten bei diesen Patienten ein dem gewöhnlichen Ergebnisse bei Kurz- sichtigkeitsbestimmungen grade entgegengesetztes heraus, nämlich, dass man aus den Leseprüfungen mit unbewaffnetem Auge die Myopie geringer taxirt, als aus der Ermittelung der Correctionsbrille für die Entfernung. Wir finden z. B., dass Patient Diamantschrift vollkommen scharf bis auf sieben Zoll Abstand erkennt, während er für die Entfernung erst durch Concavbrille $5\frac{1}{2}$, nicht mehr durch Concav 6 dicht vor das Auge gehalten, seine volle Sehschärfe erreicht, weil er nämlich bei der ersteren Prüfung nur mit dem einen Auge fixirt und das andere ganz nach den Bedürfnissen des muscu- lären Gleichgewichts divergirend abgelenkt, demnach auch seine Accommodation wirklich entspannt hat, während er bei der zweiten Prüfung noch binoculär gesehen hat, aber mit Forcirung der Interni und demnach unter unvollkommener Abspannung seines Tensor. Ich brauche nicht hinzuzufügen, dass diese scheinbare Vermehrung der Kurzsichtigkeit durch Muskelinsufficienz sich, ganz wie es bei latenter Hyperopie

der Fall ist, als Beschränkung der Accommodationsbreite
darstellt. Ebenso nun wie durch abducirende Prismen der
gebundene Theil von A für das Binocularsehen wieder frei
gemacht wird, ebenso geschieht es durch die Operation, und
darf es uns nicht in Staunen setzen, dass zuweilen Patienten,
die früher Concav 12 brauchten, um in der Entfernung scharf
zu sehen, nach der Tenotomie genau denselben Effect mit
Concav 14, 16, ja selbst 18 erreichen; auch kann man dies
sehr wohl prognosticiren, wenn man eben den wirklichen
Myopiegrad vor der Operation genau bestimmt.

Aber diese Reduction der Myopie auf ihr wirkliches
Maas, resp. die Auslösung des früher durch die Fusionsanstrengung gebundenen Accommodationsbruchtheils (scheinbar
directe Besserung von M. durch die Tonotomie) hat nichts
zu thun mit der Frage, die wir oben in den Vordergrund
gestellt haben, nämlich mit der Sistirung der Fortschritte
der wirklichen Myopie. Als Hebel dieser Fortschritte
während bestehender Muskelinsufficienz können wir auch keineswegs die eben hervorgehobene Unmöglichkeit einer freien Er-
schlaffung der Accommodation anrufen. Es werden vielmehr,
wie es unter einem adducirenden Prisma bei gesunden Augen
geschieht, so auch hier durch die Convergenzanstrengung
sämmtliche relativen Accommodationsbreiten dem absoluten
Nahepunkte angenähert, und es wird demnach auch der Patient für jede bestimmte Entfernung einen geringeren Theil
des ihm zu Gebote stehenden Kraftmaasses in Thätigkeit
setzen, als ein anderer Myop gleichen Grades. Die Convergenzanstrengung an sich muss ja das Accommodiren erleich-
tern, und es kann demnach auch der fragliche Zustand nicht
etwa in der Weise wie das Tragen zu starker Concavgläser,
d. h. durch habituelle Accommodationsanstrengung die Myopie
vermehren.

Wir müssen offenbar für die Erklärung auf die forcirte
Convergenzarbeit selbst zurückgehen. Zunächst ergiebt
sich, dass die Nothwendigkeit des Convergirens vergleichsweise
zu der wirklich bestehenden Myopie noch durch die Lagen

der relativen Accommodationsbreiten gesteigert ist. In einer ziemlich ansehnlichen Strecke diesseits des absoluten Fernpunktes fällt, auf Grund der Convergenzanstrengung, der relative Fernpunkt diesseits des Objectabstandes und ist diese Strecke natürlich für das binoculare Sehen unverwerthbar. Patient wird, wenn er nicht etwa bereits das eine Auge excludirt — und grade das hier in Rede stehende Dilemma treibt ihn verhältnissmässig so früh zum Excludiren[1] — das Object noch weiter annähern, d. h. in Distanzen bringen müssen, in welchen ihm das Muskelleiden die binoculare Fixation noch mehr erschwert. Er wird mit einem Worte, so sehr sein Gebrechen das Annähern behindert, mehr convergiren müssen, als ein regulärer Myop gleichen Grades, dessen relative Accommodationsbreiten weit mehr nach Seiten des absoluten Fernpunktes hin liegen.

Und je länger die Arbeit fortgesetzt wird, desto tiefer prägt sich das Dilemma aus; die gegen das musculäre Gleichgewicht durchgesetzte Adductionsdrehung erfordert successive eine immer stärkere · Anstrengung und zieht als solche die ·relativen Accommodationsbreiten immer mehr heran[2]. Hiermit

---

[1] Die Vortheile für den Schact, welche ein solcher Patient durch das Divergiren (Excludiren) erreicht, sind denen völlig analog, welche ein Hyperop durch sein Convergiren (Excludiren) erreicht. So gut wie dieser durch Einleitung der abnormen Convergenz den Nahepunkt der relativen Accommodationsbreite diesseits des Objectabstandes verlegt, rückt der Myop beim willkürlichen Divergiren den Fernpunkt der relativen Accommodationsbreite über den Objectabstand hinaus. Er ermöglicht sich also durch die divergirende Exclusion eine grössere Sehdistanz, ebenso wie der Hyperop durch die convergirende Exclusion sich die Distinctionsfähigkeit für geringere Distanzen verschafft.

[2] Die Wandelung der relativen Accommodationsbreiten während der Arbeit selbst, resp. nach lange fortgesetzter Arbeit ist überhaupt in ihrem näheren Verfolge sehr interessant. Man wird staunen, wenn man die relativen Accommodationsbreiten der an accommodativer Asthenopie leidenden Arbeiter in den Vormittags- resp. Nachmittagsstunden, am Montage resp. am Sonnabend bestimmt, (einfach durch Ermittelung der positiven und negativen Gläser,

steigt die Nothwendigkeit, das Object anzunähern und mit
dieser wieder die musculäre Bedrängniss. So ist ein cercle
vicieux gesetzt, welcher zu den bekannten Beschwerden und
endlich zur Nothwendigkeit der Unterbrechung (oder zur
Exclusion) führt. Durch diese progressive Annäherung,
welche an das progressive Abrücken bei vielen Formen
accommodativer Asthenopie erinnert, unterscheidet sich der
mit dynamischem Auswärtsschielen behaftete Myop sehr kennt-
lich von dem einfachen, mit völlig leistungsfähigen Internis
begabten Myopen.

Wenn wir nun die bei progressiver Myopie sich bethä-
tigenden materiellen Veränderungen in Betracht ziehen, so ist
es gut annehmbar, dass die den Bestrebungen der Muskeln gewissermaassen abgerungenen Conver-
genzbewegungen, deren Zwang während der Arbeit continuirlich steigt, und unter denen wie bei
Ueberwindung eines abnormen Widerstandes der Druck auf die
Umhüllungshäute des Auges nothwendig steigt, die einmal

---

welche für bestimmte Arbeitsentfernungen noch überwunden werden),
welche stark abweichenden Ergebnisse sich herausstellen. Nicht
allein, dass für die Vorgänge der Ermüdung durch solche vom Beginne der Arbeit bis zum Moment der nöthigen Unterbrechung
intervallenweise durchgeführte, Bestimmungen lehrreiches Material gewonnen wird, sondern auch für diagnostische Zwecke haben dieselben Werth. So ereignet es sich nicht selten, dass wir nicht sofort
über die Ursachen einer Asthenopie im Klaren sind, z. B. weil
dieselbe weniger in Anomalie des Refractionszustandes oder in einer
beschränkteren Accommodationsbreite, als in einer Reduction der
Energie liegt. Ich pflege unter solchen Umständen den Patienten
ein Weilchen oder selbst bis an die Grenzen der Ermüdung arbeiten
zu lassen, und untersuche alsdann auf's Neue die Factoren, welche
von Belang sind. Nicht selten zeigt sich dann, wovon anfänglich
keine Rede war, ein für die Arbeit exquisit ungünstiges Verhältniss
zwischen den positiven und negativen Bruchtheilen der relativen
Accommodationsbreiten, welches über den accommodativen Ursprung
der Asthenopie keinen Zweifel lässt. In anderen Fällen dagegen ist
eine derartige Wandelung nicht eingetreten, wohl aber bekundet sich
die retinale Natur der Asthenopie durch den augenblicklich lindern-
den und die Ermüdung herausrückenden Einfluss tief blauer Gläser.

vorhandene krankhafte Disposition anfachen. Man
denke nur wiederum an den mit dem adducirenden Prisma
ausgestatteten Gesunden, resp. an das fortwährende Unbeha-
gen, welches er durchzumachen hat. Ob es übrigens der
die Adductionsanstrengung begleitende Muskeldruck an sich
ist, der die Ectasia posterior fördert, oder ob es mehr die Con-
gestivzustände sind, welche sich an die unzweckmässige und
unbehagliche Functionirung knüpfen, das lasse ich dahingestellt,
allein jedenfalls liegen hier alle Momente vor, welche
die Ursachen der Myopiefortschritte activiren.
Schliesslich erinnere ich bei dieser Gelegenheit an das
Factum, dass bei solchen Patienten, deren Myopie seit der
Kindheit auf durch einen grossen Abschnitt des Lebens ohne
Brillengebrauch stationär geblieben ist, fast ausnahmslos, falls
nicht etwa durch die ganze Sehstrecke das eine Auge excludirt ward, normal fungirende Lateralmuskeln vorgefunden
werden. Ich meine, dass diese Thatsache neben dem fast regulären
Vorhandensein dynamischen Auswärtsschielens in den exquisit progressiven Formen recht erweisend für die nahe Beziehung, des Muskelleidens zu dem Wachsthum des Refrac-
tionsleidens ist.

IV.

Es liegt uns lediglich die Absicht vor, auf die Coexistenz
des dynamischen Auswärtsschielens und des progressiven
Myopiecharacters, resp. auf die Heilbarkeit des Letzteren
durch die Beseitigung des Ersteren aufmerksam zu machen.
Hätten unsere Deductionen nicht einen rein practischen Zweck,
so würde sich auch — was wir für diesmal ablehnen — die
Pflicht aufdrängen, auf die eigentliche Pathogenese des Muskelleidens, resp. auf das Causalitätsverhältniss einzugehen, welches zwischen diesem und der progressiven Myopie besteht.
Die interessanten Aufschlüsse, welche Donders hierüber
gegeben hat, sind allgemein bekannt. Im Uebrigen müssen
wir der musculären Prädisposition, für welche, ganz unabhängig vom Refractionszustande, der hereditäre Einfluss nach-
weisbar ist, einen sehr breiten Spielraum zuerkennen; sonst

wäre es unverständlich, dass bei geringen Graden von Myopie, bei welchen die Formveränderung des Bulbus kaum irgend einen Einfluss auf die Beweglichkeitsverhältnisse und auf die Lage der Sehlinien beziehungsweise zu den Hornhautaxen ausüben kann, doch oft eine ausgeprägte Störung des lateralen Gleichgewichts existirt, während dieselbe bei hohen Myopiegraden gänzlich fehlen kann. Auch sah ich in Familien, in denen nicht alle Mitglieder myopisch waren, zuweilen das Muskelleiden selbst auf diejenigen vererbt, welche mit einem ganz normalen Brechzustand begabt waren. Nur in der Kürze wollte ich hierauf hindeuten, da sich eben an die Abhängigkeit der Gleichgewichtsstörung von dem Refractionsleiden Einwürfe gegen die operative Beseitigung der ersteren geknüpft haben. Man hat wohl so argumentirt, dass, da nicht das Muskelleiden die Fortschritte der Myopie, sondern vielmehr die Fortschritte der Myopie das Muskelleiden herbeiführten, auch die Operation sich statt an die Ursachen der Schädlichkeiten, vielmehr in unnützer Weise an die Wirkungen wende.

Sehen wir die Sache etwas genauer an, so dürfen wir allerdings nicht abläugnen, dass ein sehr rascher Fortschritt der Kurzsichtigkeit und ein hieraus hervorgehendes jähes Wachsthum des Convergenzbedürfnisses die Anforderungen an die inneren Graden rasch steigern und zur Insufficienz derselben disponiren kann. Allein einmal ist das Eintreten dynamischen Auswärtsschielens, so lange die Myopie keinen excessiven Grad erreicht, keine Nothwendigkeit; es können vielmehr sehr wohl, wie es ja andere Fälle beweisen, die inneren Graden in entsprechender Weise an Energie zunehmen, um auch den vermehrten Anforderungen zu genügen. Sodann wäre, selbst wenn die Gleichgewichtsstörung unter den gewöhnlichen Verhältnissen der Musculatur nothwendig aus den Convergenzanforderungen hervorginge, doch sehr wohl eine Aufhebung jener Succession unter künstlicher Abänderung der musculären Verhältnisse denkbar. Endlich aber ist der ganze Schluss der vorgetragenen Argumentation unberechtigt, indem so mancher Consecutivzustand

wieder zu einer Schädlichkeitsursache wird, welche eine
Rückwirkung auf die ursprüngliche Ursache ausübt. Unser
therapeutisches Handeln befindet sich oft genug in der
Lage, der primitiven Ursache nicht direct beikommen zu
können, wohl aber durch die Beseitigung schädlich wirkender
Folgen die Kette nachtheiliger Einflüsse und Rückwirkungen
zu lösen und somit auch jene Ursache indirect zu entkräften.
Denken wir — die Analogie liegt nahe — an den durch
Hyperopie hervorgerufenen Strabismus convergens. Obwohl
wir der Grundursache, nämlich dem Refractionsleiden, nicht
beikommen können, so zögert doch die Heilkunst keinen
Augenblick, diese Strabismusform zu beseitigen, denn einmal
bräucht ja Hyperopie nicht Strabismus hervorzurufen, sodann
tritt selbst da, wo letzterer sich entwickelte, dieselbe Wirkung doch nicht wieder ein, wenn wir (durch Rücklagerung)
andere Mittelglieder in die musculären Verhältnisse einführen,
endlich ist die Deviation etwas Nachtheiliges, an sich die
Integrität der Functionen Gefährdendes.

Halten wir also in der Hauptsache fest: a) dass die
Abhängigkeit des dynamischen Auswärtsschielens von progressiver Myopie nur eine bedingte ist, b) dass die Bedingungen der Abhängigkeit durch Eingriffe in die Musculatur
zu modificiren sind, c) dass die Beseitigung deshalb eine wesentlich zweckmässige ist, weil die Gleichgewichtstörung, sei sie
inducirt oder für sich bestehend, jedenfalls wieder eine
schädliche Rückwirkung auf die Myopie ausübt.

V.

Die hauptsächlichsten Bedenken gegen die Operation sind
indessen nicht aus den pathogenetischen Betrachtungen,
sondern aus der Berücksichtigung des vorwaltend relativen
Characters des dynamischen Auswärtsschielens entsprungen.
Je hochgradiger die Myopie — hat man argumentirt — desto
grösser werden auch die Adductionsansprüche, und scheint es
bei einer Myopie $\frac{1}{4}$ oder $\frac{1}{3}$ unbillig zu verlangen, dass die
Muskeln sowohl in den enormen, durch den Brechzustand
bedingten Annäherungen, als in unendlicher Entfernung den

Gleichgewichtsvertrag einhalten. Wenn vielmehr in solchen Fällen für die Entfernung laterales Gleichgewicht, für die Distanz des Arbeitens dynamische Divergenz vorhanden ist, so scheint dies vollkommen natürlich und nicht begreiflich, dass ein Eingriff in die Musculatur dem Uebelstande für die Nähe abhelfen sollte, ohne einen entgegengesetzten für die Entfernung herbeizuführen. Und verhält sich auch — so folgert man weiter — die Sache nicht immer grade in dieser Weise, sondern treten in der Nähe stärkere Deviationen auf, als sie den gewissermaassen natürlichen Insufficienzen entsprechen, und lassen sich wirklich in der Entfernung Anwandlungen von Gleichgewichtsstörung nachweisen, so ist doch das Missverhältniss zwischen der Störung in der Nähe und in der Entfernung zu erheblich, um für die überwiegende Mehrzahl der Fälle wirksam abhelfen zu können. — Nach dieser Auffassungsweise wäre die Operation eben auf diejenigen Fälle zu beschränken, in denen auch für die Entfernung eine auffällige Gleichgewichtsstörung zu Gunsten der Externi vorliegt.

Es lässt sich, um auf diese Argumentation näher einzugehen, zunächst nicht verkennen, dass eine gewisse Summe von Fällen existirt, welche im engsten Sinne des Wortes die Bezeichnung eines relativen dynamischen Auswärtsschielens verdienen: In der Entfernung vollkommenstes Gleichgewicht, Unmöglichkeit absolute Divergenzen einzuleiten (mit Ausschluss des geringen Grades, von höchstens Prism. 4°, welchen wir auch dem gesunden Auge zuerkennen müssen), Gleichgewicht auch für die mittleren Distanzen und erst bei den abnormen, durch die Myopie geforderten Annäherungen, oder in Nachbarschaft derselben, dynamische Divergenzen. Für ein emmetropisches Auge würden hier die Muskeln als völlig gesund gelten. — Diese Fälle sind selbstverständlich von der Operation ausgeschlossen, für welche die erste Bedingung, wie ich es bei früherer Gelegenheit entwickelt habe, in der willkührlichen Abductionsfähigkeit für die Entfernung liegt.

Allein man täuscht sich wesentlich, wenn man annimmt,

s o l c h e B e d i n g u n g e n bilden die Regel. Obwohl sich
die Fälle von dynamischem Auswärtsschielen je nach dem
Myopiegrade und dem Zustande der Augenmuskeln äusserst
variabel verhalten, so ist doch bei dem Gros derselben
zunächst auffällig, dass die dynamischen Ablenkungen für
geringe Objectabstände einen weit höheren Grad erreichen,
als er gewissermaassen dem Principe jener streng relativen
Insufficienz entspricht; ferner pflanzen sich jene Deviationen
auch auf grössere Abstände fort; endlich aber — und
dies ist der capitale Punkt für die Zulässigkeit der Operation — z e i g t s i c h f ü r d i c E n t f e r n u n g e i n e a b -
n o r m e F ä h i g k e i t z u m A b d u c i r e n v o n P r i s m. 8°,
10°, 12°, 16° u. mehr. Eine auffällige Wahrnehmung
hierbei ist, dass der einfache Gleichgewichtsversuch (mit
dem vertical brechenden Prisma) für die Entfernung nicht
immer, ja selbst nur in der Minderzahl der Fälle, eine
nennenswerthe Lateraldeviation ergiebt, während es doch
sonst in der regelmässigen Functionirung der Augen liegt,
mit dem Sehen in die Ferne den äusserst möglichen
Erschlaffungszustand der Interni, oder wenigstens nahezu
denselben, zu verbinden. Es dürfte dieses wohl dadurch zu
erklären sein, dass überhaupt absolute Divergenzen während
des Sehactes solcher Patienten — wir setzen bis jetzt immer
ein streng dynamisches Schielen, ohne Exclusion, voraus —
nicht verwerthet werden, und deshalb, so sehr sie dem
Muskelbestreben an sich conform wären (wie es die Abductionsfähigkeit lehrt), doch ungeläufig sind, vielleicht weil sich
ein Complex ungewohnter Empfindungen daran knüpft. Es
muss der Patient gewissermaassen erst durch positive Vortheile im Sehact, wie es bei der Fusion von Doppelbildern
geschieht, auf das Bestehen seiner Abductionsfähigkeit aufmerksam gemacht werden, um sie zu benutzen. Hat man
diese Abductionsversuche oft genug wiederholt oder besser
noch dem Patienten einige Zeit hindurch, wie ich es zuweilen vor der Operation thue, abducirende prismatische Brillen
tragen lassen, so tritt dann auch moist beim einfachen Gleich-

gewichtsversuch die anfänglich fehlende Lateraldeviation hervor. Eine weitere für die Praxis nicht unwichtige Wahrnehmung, welche sich hieran knüpft, ist die, dass bei Unter-
haltung der absoluten Divergenzen die Abductionsfähigkeit
sich noch erheblich (und weit mehr, als etwa am gesunden
Auge) vermehrt. Ich fand nicht selten nach zweitägigem
Tragen abducirender Gläser ein Grenzprisma von 10^0 statt
6^0, von 15^0 statt 10^0 u. s. w.

Aus alle dem geht zur Genüge hervor, dass es sich hier
bereits um eine wirkliche Gleichgewichtsstörung
durch die ganze Sehstrecke handelt. Wenn dieselbe
auch für die Entfernung einen viel geringeren Grad oder einen
quasi verkappten Charakter hat, so giebt uns jedenfalls die
vorhandene Abductionsfähigkeit, wie dies früher erörtert worden ist, volle Indicationen zum Operiren. Denn wenn wir den
Patienten, bei richtiger Benutzung dieses Maasses, durch die
Operation in die Lage setzen, unter grösstmöglicher Anspannung seiner Externi in die Ferne zu sehen, so ist dies
kein Uebelstand, indem es bei dem unterbrochenen Charakter
des Fernsehens überhaupt auf Muskelanstrengung nicht wesentlich ankommt und es selbst im Princip eines physiologi-
schen Schacts liegt, für die Entfernung die Interni auf ihr
Maximum zu erschlaffen. Wenn wir andererseits bei demselben Patienten die dynamischen Ablenkungen für die Arbeit
um einen Werth von Prisma 10^0, 14^0, 16^0 verringern, so
ist hiermit ein ganz eminenter Vortheil erreicht und es wird
nun fast immer eine gute Correction durch abducirende
Prismen oder prismatisch concave Gläser möglich. — Im
Uebrigen hat man ja auch die Frage angeregt, ob es in
solchen Fällen nicht erlaubt sei, für die Entfernung eine
leichte reale Convergenz einzuführen, die sich durch abducirende Prismen gut corrigiren liesse, um den Vortheil für
die Nähe noch zu vergrössern. Ich möchte dies aber heute
womöglich noch strenger als früher widerrathen, da sich die
Störung der ungewohnten gleichnamigen Diplopie sehr schwer
berechnen lässt und das adducirende Prisma, welches unter

solchen Umständen für die Medianlinie corrigirt, jedenfalls
einen guten·Theil lateraler Diplopie übrig lässt.

Ausser diesem Gros der Fälle, in welchem zwar die
Gleichgewichtsstörung bereits durch die ganze Sehstrecke
verbreitet ist, aber immer noch der relative Character, d. h.
die Zunahme mit der Annäherung prädominirt, begegnen
wir in einem geringeren Bruchtheil des dynamischen Auswärtsschielens *) solchen, bei welchen auch für die Entfernung bereits eine grobe Gleichgewichtsstörung sich ausspricht,
welche dann für die Nähe successive zunimmt. Hier sind
die Indicationen der Operation, deren Maas immer wieder in
der facultativen Divergenz liegt, weniger controvers.

So sehr der relative Charakter des dynamischen Auswärtsschielens zu einer achtsamen Dosirung des Effectes
auffordert, so liegt doch in demselben keine rationelle Contra-
indication, sofern anders eine ausreichende Abductionsfähigkeit
(von wenigstens Prism. 8⁰, bei gesenkter Blickebene) zugegen
ist. Ueber die Abmessung des Operationseffectes habe ich
bereits früher Normen aufgestellt und werde noch einige
Winke im Verlaufe dieser Blätter hinzufügen. Nirgends ist
übrigens die Aufgabe in einer. vollkommneren Weise gelöst,
als grade für das dynamische Auswärtsschielen, wovon sich
ein jeder aufmerksame klinische Zuhörer tagtäglich überzeugen kann, wenn es auch noch hier und da von Lehrbuch-
verfassern in Abrede gestellt wird.

VI.

Bis jetzt haben wir nur von dem streng dynamischen
Auswärtsschielen, d. h. von den Formen gesprochen, in
welchen die Deviationen niemals real zu Tage kommen.
Bekanntlich stellt sich aber die Sache, namentlich bei hochgradiger Myopie, häufig genug anders dar. Die Patienten
schliessen für geringe Objectabstände, vielleicht gerade für

---

*) In der Regel ist unter diesen Umständen für geringe Ab-
stände Exclusion des einen Auges eingeleitet, weshalb die Patienten
bereits zum grösseren Theil in die Kategorie des relativen realen
Auswärtsschielens fallen.

die bei ihrem Refractionszustande verwerthbaren, das eine
Auge aus, lenken es, ganz dem Gleichgewichtszustande der
lateralen Muskeln entsprechend, divergirend ab, während sie
für mittlere und grössere Abstände binocular fixiren. Unendlich viele Variationen oder richtiger Stadien in diesem partiellen Aufgeben des Binocularsehens können verzeichnet
werden, je nachdem die Patienten nur für die Arbeit oder
auch sonst, je nachdem sie von Anfang an oder erst nach
eingetretener Ermüdung excludiren u. s. w.

Auch der Modus des Exclusionsvorganges stellt sich je
nach der Fusionsbreite in sehr verschiedener Weise dar.
Wir treffen Patienten, welche, wenn man ihnen ein Object
in der Medianlinie successive annähert, dasselbe mit beiden
Augen gut verfolgen, bis auf die Nähe von 8″, 6″, 4″; dann
tritt auf einmal eine excursive Ablenkung des einen Auges
um $1^1/_2$‴, 2‴, $2^1/_2$‴ ein, dasselbe scheint an dieser Stelle
der Sehstrecke wie durch einen Krampf des Externus nach
aussen getrieben. Hier handelt es sich um Individuen mit
gut ausgebildeter Fusionsbreite; dynamische Ablenkungen
waren schon in grösseren Abständen vorhanden, wurden
aber durch wachsende Adductionsanstrengung unterdrückt,
bis sie an der betreffenden Grenze ihres Grades wegen nicht
mehr zu bemeistern sind und deshalb plötzlich, natürlich in
der vollen Grösse, bis zu welcher sie angewachsen sind,
real werden*). In anderen Fällen sehen wir dagegen das
eine Auge diesseits eines gewissen, meist auf 6″ bis 12″ ge-
legenen Punktes einfach in der Adduction zurückbleiben oder
gewissermaassen eine associirte statt der geforderten accommodativen Bewegung machen. Hier war die Fusionsbreite ausserordentlich gering, so dass die Ablenkungen, wo sie irgend eine
nennenswerthe Grösse erreichten, sofort real wurden, dann

---

*) Der Gleichgewichtsversuch mit dem abwärts brechenden
Prisma erweist, dass die dynamischen Ablenkungen vollkommen
continuirlich wachsen, auch in Nachbarschaft desjenigen Punktes
der Sehstrecke, an welchem die excursive Realdeviation plötzlich
eingeleitet wird.

natürlich in geringer Excursion und unter weiterem allmäligem Wachsthum. Es giebt auch Patienten, welche für die nächste Nähe excludiren, in mittleren Abständen gemeinschaftlich sehen und in die Entfernung wiederum excludiren. Bei diesen existirt eine ausgesprochene Gleichgewichtsstörung durch die ganze Sehstrecke, auch in der Entfernung, welche zwar mit der Annäherung wächst, aber für mittlere Abstände nicht so rasch wächst, als die auf Grund des schärferen Sehens (wegen der Myopie) hier ausgebildetere Fusionsbreite. In der That giebt es Myopische, welche wenig Brillen und Lorgnetten getragen haben, deren Fusionsbreite für die Entfernung, in welcher sie ihr Sehen gewissermaassen vernachlässigt haben, ausserordentlich gering ist.

So interessant die Details der hierbei obwaltenden Umstände erscheinen, so würde uns deren Verfolg doch von unserem Ziele abführen. Wir haben hier des Ausganges in Exclusion gedenken müssen, weil man daraus einen Einwurf gegen die Operation gemacht hat. Mit der Exclusion für die Nähe hört allerdings die, durch Forcirung der dynamischen Ablenkungen für das Auge gesetzte Gefahr auf; es ist dadurch eine natürliche Abhülfe gegeben. Wozu sollten wir uns Mühe geben — hat man gefolgert — diesem Zustande wieder ein, bei hohen Myopiegraden kaum ohne Anstrengung der Interni denkbares Binocularsehen zu substituiren. Von anderer Seite hat man aber auch überhaupt die Möglichkeit einer solchen Zweckerreichung, wenn einmal die Gewohnheit zum Excludiren Platz gegriffen hat, abgeleugnet.

Auf beide Einwürfe müssen wir mit einigen Worten eingehen. Was zunächst den zweiten anbetrifft, so ist er für solche Fälle, in denen eben nur diesseits einer gewissen Grenze die Exclusion eintrat, jenseits jener Grenze aber binocular gesehen wurde, unbedingt zurückzuweisen. Die Position jener Grenze in der Sehstrecke ist durchaus Product des musculären Verhältnisses; die Gewohnheit des Excludirens knüpft sich nicht an die eine oder andere Beschäftigung an sich, sondern lediglich an die für diese Beschäftigung erfor-

derliche Muskelspannung. Kann das binoculare Lesen nach
der Operation mit demselben Kraftaufwand durchgesezt werden, mit welchem früher für mittlere Entfernung binocular
gesehen ward, so kann man auch versichert sein, dass Patient dasselbe wieder annimmt. Da die Fusionsbreiten im
Allgemeinen mit der auf die Verwerthung der Gesichtsein-
drücke gerichteten Aufmerksamkeit steigen, so kann man
sogar annehmen, dass Patient für das Lesen die Grenze des
Binocularsehens noch näher heranziehen wird, als es nach
den Eingriffen in die Musculatur zu erwarten stand. Nur
wo durchgängig durch die ganze Sehstrecke excludirt ward,
oder allenfalls da, wo zwar auf weitere Abstände noch gemeinschaftlich gesehen ward, aber die Fusionsbreiten sehr
dürftig und wenig ausbildungsfähig sind, wird die Gewohnheit
für die Nähe zu excludiren nicht mehr zu bemeistern sein.

Besonders einleuchtend scheint a priori der erstere der
beiden Einwürfe, welcher die Vortheile des Excludirens vergleichsweise zu dem forcirten Binocularsehen hervorhebt.
Wir müssen es nach allem, was wir (sub III) ausgefülirt
haben, natürlich einräumen, dass die Exclusion bei der Arbeit
die Bedingungen hinsichtlich der Myopiefortschritte verbessert.
Aber einen tadellosen Ausweg der Natur können wir in
diesem Verzicht auf das Binocularsehen nicht erblicken. Es
ist keinem Zweifel unterworfen — und der Verfolg der hier
in Rede stehenden Fälle entscheidet in demselben Sinne —
dass das exclusive Sehen mit einem Auge durchschnittlich
angreifender ist, mehr zu Ermüdung und zu Congestionen
disponirt, als ein unter leidlich günstigen Nebenbedingungen
vor sich gehendes Binocularsehen; es ist demnach auch
wahrscheinlich, dass es die Fortschritte der Myopie mehr
fördert als dieses. Kann man deshalb statt des Ausganges
in einseitige Exclusion Binocularsehen ohne forcirte Conver-
genzbewegungen erhalten, so scheint dies unbedingt vortheil-
hafter. Nur bei den exceptionellen Myopiegraden $> \frac{1}{3}$
müssen wir einräumen, dass ein solches Resultat nicht
zu erwarten und deshalb das einseitige Sehen bei der

Arbeit gewissermaassen als das Natürlichste zu betrachten ist. Bei Myopie $> \frac{1}{4}$ mag ein gleiches Zugeständniss gelten, wenn die Verhältnisse in der Musculatur besonders ungünstig sind. Für geringere Grade von M. gelingt es dagegen in der Regel, jenes bessere Resultat zu erzielen, vorausgesetzt, dass man die optischen Hülfsmittel prismatischer und concav-prismatischer Gläser*) mit zu Hülfe zieht.

Es ist aber noch ein anderer Umstand, welcher hier erwähnt werden muss. Die Patienten, welche in der Distanz des Lesens excludiren, befinden sich für etwas grössere Entfernungen, zuweilen schon beim Schreiben, in der Regel aber bei den Zimmerbeschäftigungen, ganz unter den Bedingungen des dynamischen Auswärtsschielens. Namentlich trifft dies diejenigen mit entwickelter Fusionsbreite, über deren Exclusionsmodus wir oben (pag. 241) gesprochen haben. Ist nun auch die Frage der Muskelanstrengung für die einzelnen Beschäftigungen ihrer flüchtigen Dauer wegen meist wenig gewichtig, so ist es doch gewiss nichts Gleichgültiges, dass die Patienten fast permanent und für alle Sehstrecken, welche sie bei ihrem Refractionszustande noch leidlich verwerthen, Adductionsanstrengungen machen. Hierauf ist es auch zu schieben, dass sie über anhaltende Beschwerden bei jedweder Fixation klagen. Greift man nun solche Fälle, falls die betreffende Abductionsfähigkeit für die Entfernung vorliegt, durch die Operation kunstgerecht an, so wird man zunächst

---

*) Es wird sich nach den allgemeinhin bei progressiver Myopie geltenden Grundsätzen immer nur um schwache Concavitäten handeln dürfen, welche die Sehdistanz um einen oder wenige Zoll erweitern. Es ist indess bereits früher darauf aufmerksam gemacht worden, dass hier die Gefahren der negativen Gläser bei der Arbeit weniger in die Wagschale fallen, als bei einfacher Myopie theils wegen der Lage der relativen Accommodationsbreiten, an welche sich eine geringere Verwendung der disponiblen A. schliesst, theils wegen des Muskelleidens selbst, welches an sich von einer unnützen Annäherung abhält.

die Nachtheile des dynamischen Auswärtsschielens
für mittlere Entfernungen beseitigen, resp. günstig
influenciren. Die Patienten werden bei ihrem Binocularsehen
eine viel grössere Leichtigkeit, ein grösseres Behagen ver-
spüren und hierbei von schmerzhaften Empfindungen befreit
sein. Ferner aber wird der Punkt in der Sehstrecke,
diesseits welches excludirt wird, näher heran-
rücken, vielleicht so nahe, dass nun auch bei der.
Arbeit das Binocularsehen mit Benutzung der erlaubten
optischen Hülfsmittel zu verwerthen ist. Steht dies nicht
in Aussicht, so ist zweierlei möglich; entweder Patient fährt
fort, bei der Arbeit zu excludiren, oder er fixirt binocular, jedoch mit unerlaubten Adductionsanstrengungen. Im
ersteren Falle werden wir ihm allerdings für die Arbeit durch
die Operation keinen Vortheil verschafft haben, sind aber
durch das leichtere und gewiss hinsichtlich der Myopiefortschritte vortheilhaftere Sehen in mittlere Distanzen für die
Operation hinlänglich belohnt. Im zweiten Falle aber bedarf
es nur einer, auf der einen Seite etwas gebläuten oder
matten Brille um die Nachtheile forcirter Adductionsbewegun-
gen für die Arbeit zu annulliren, ohne die eben erwähnten
Vortheile zu verlieren.

Ueberblicke ich die Fälle einseitiger Exclusion bei der
Arbeit, so kann ich höchstens zugeben, dass die Operation
hinsichtlich der Myopiefortschritte weniger dringlich ist, als
da, wo die Patienten bis in die nächste Nähe unter bedeu-
tender Forcirung ihrer Interni binocular fixiren; indicirt aber
bleibt sie meines Erachtens, wenn es sich nicht etwa um
excessive Grade von M. ($> \frac{1}{3}$) oder um sehr hohe Grade
($> \frac{1}{4}$) bei ungünstigen Fusionsverhältnissen handelt. Auf
diesen letzteren Punkt komme ich in den folgenden Abschnit-
ten noch zurück.

VII.

Vielleicht hätten sich die Indicationen der Operation
rascher allgemeine Geltung verschafft, wenn man die betreffenden Krankheitszustände unter recht übereinstimmenden

Gesichtspunkten untersucht, sich gegen Fehlerquellen hierbei streng geschützt, die directen Operationserfolge mit Rücksicht auf den Endesausgang gehörig gewürdigt und bei Graduirung derselben alle Cautelen beobachtet hätte, welche gegen excessive Wirkungen sicher stellen. Es sei mir erlaubt, diese verschiedenen Punkte mit Beziehung auf meine früheren Rathschläge hier noch einmal durchzugehen. Ich beginne mit der Untersuchungsmethode.

Viele Fachgenossen fühlen sich immer noch versucht, die Diagnose des dynamischen Auswärtsschielens vorwaltend auf die Lage des binocularen Punctum proximum zu gründen. Wenn sie bei der successiven Annäherung eines Objectes in der Medianlinie constatiren, dass Patient bis auf die gebührende Nähe von $2\frac{1}{2}''$ mit beiden Augen gut fixirt, so sind sie geneigt, ihren Verdacht niederzuschlagen. Auf dieser Basis würde ein grosser Theil der betreffenden Patienten, und grade der für die Therapie allerdankbarste, der Erkenntniss entgehen. Bei den jugendlichen Myopen, deren Brechzustand sich in kurzer Zeit rapide steigert, und zwar meines Erachtens durch Einfluss ausgeprägten dynamischen Auswärtsschielens, findet sich häufig eine völlig befriedigende Lage des· binoculären Punctum proximum auf $2\frac{1}{2}''$ und darunter. Schon bei normalen Augen ist jener Abstand sehr variabel, sodann knüpft sich, bei den ohnehin geringen Distanzen, an Differenzen von $\frac{1}{4}''$ bereits ein namhafter Ausschlag; endlich aber — und hierin liegt ein fundamentaler Einwurf — steht die Lage des binocularen Punctum proximum in einem ganz indirecten Zusammenhange mit der Gleichgewichtsfrage. Sie resultirt zugleich aus der Fusionsbreite, und grade, wo diese vortrefflich ist und demnach das Punctum proximum verhältnissmässig gut liegt, fallen die Gefahren des dynamischen Auswärtsschielens am meisten ins Gewicht.

Wir können aus dem Punctum proximum nur allenfalls entnehmen, ob sich ein reales relatives Auswärtsschielen eingefunden hat; unserer Frage aber müssen wir direct durch

Prüfung des lateralen Gleichgewichts beikommen. Bekanntlich kann dieses durch Verdecken eines Auges ausgeführt werden, indem wir die Rotation, die das verdeckte Auge bei seinem Ausschluss vom Fixirobject macht, resp. die Einrichtungsdrehung constatiren, durch welche es wieder in die Fixation zurückkehrt, wenn wir es auf's Neue frei geben. Da wir indessen hierbei von der Blickruhe des Patienten abhängig sind und auch die kleinen Drehungen sich schwer taxiren und gar nicht messen lassen, so wird diese Prüfung nur zur Unterlage zu benutzen und sofort durch den cardinalen Versuch mit dem vertical brechenden Prisma zu ersetzen sein. Der Sinn dieses letzteren ist bekannt. Das vertical brechende Prisma löst, indem es unfehlbar Diplopie einleitet, jedwede Fusionsanstrengung auf und documentirt durch die gekreuzte Position der Doppelbilder eine vorhandene dynamische Divergenz, die sich dann auch leicht durch den horizontalen Abstand der Bilder, resp. durch Ermittelung eines diesen corrigirenden Prismas messen lässt. Diese Ermittelung und Messung muss natürlich zunächst in der Distanz der Arbeit geschehen, um zu erforschen, ob während derselben Adductionsanstrengungen stattfinden. Für die Form des Versuches, den wir schlechtweg den Gleichgewichtsversuch nennen wollen, ist der mit einem Punkt versehene verticale Strich ziemlich allgemein angenommen worden.

So vortrefflich dieser Versuch im Principe ist, so können doch aus demselben, wenn gewisse Nebenumstände unberücksichtigt bleiben, sehr grobe Fehlschlüsse entspringen. Schon früher hatte ich darauf aufmerksam gemacht, dass die Linie sehr fein, der Punkt verhältnissmässig stark sein müsse, widrigenfalls dieser nicht gehörig in der Aufmerksamkeit dominirt und Fusionsanstrengungen für die Doppelbilder der Linie (in der Absicht, dieselben in eine verticale Flucht zu bringen) eintreten. So wie hiervon auch nur Anwandlungen vorhanden sind, fällt natürlich das ganze Princip des Versuches, er ergiebt ebenfalls das Product gewisser Fusionsanstrengungen und nicht die Lage des dynamischen Gleichgewichts. Man kann übrigens sofort erkennen, ob der Versuch nach dieser Richtung correct ist. In diesem Falle wird bei jeder, auch der geringsten Neigung des Prismas (Drehung desselben um die Schlinie) sofort eine entsprechende Veränderung des horizontalen Abstandes der Doppelbilder stattfinden. Wurde beispielsweise bei verticaler Haltung des Prismas eine Linie mit zwei übereinander liegenden Punkten (Lateralabstand = 0) gesehen, so wird, sowie man die Basis des Prismas etwas schläfenwärts wendet, sofort gekreuzte Diplopie, so wie man sie im mindesten nasenwärts dreht, gleichnamige Diplopie entstehen. Sind dagegen noch Fusionsanstrengungen thätig, so wird, nachdem bei einer gewissen Haltung des Prismas das Doppelbild der Linie in eine verticale Flucht fiel, also eine Linie mit zwei Punkten gesehen ward, eine Neigung des Prismas temporalwärts und nasalwärts bis zu einer gewissen Grenze keinen anderen Effect haben, als den verticalen Abstand der beiden auf der Linie liegenden Punkte zu verkleinern, ohne ein Doppelbild der gesammten Figur zu liefern. Sowie nicht jedwede Neigung des Prismas den Lateralabstand der beiden Punkte ändert, sowie namentlich in einem gewisssen Bezirke der Prismancigung und nicht blos in einer ganz bestimmten Stellung, **eine** Linie mit zwei Punkten gesehen wird, darf aus dem Versuch nichts gefolgert werden.

Man nehme dann zunächst ein andere Figur, in welcher die Linie noch weit feiner, der Punkt gröber ist, und mache den Patienten darauf aufmerksam, nur auf den Punkt zu achten. Wird auch hierbei der Zweck, jedwede Fusionstendenz für das Bild der Linie zu vernichten, nicht erreicht, so nehme man eine Figur, in der die verticale Linie sehr kurz ist, so dass sich bei einem genügend starken vertical brechenden Prisma deren Doppelbilder der Höhe nach nicht mehr erreichen; oder man nehme einen einfachen Punkt. Die Linie ist ja ohnedem nur dazu bestimmt, den Lateralabstand der Punkte sofort richtig wahrzunehmen, resp. zu taxiren. Im-

merhin kann ein jeder Patient auch für die Doppelbilder eines
einfachen, nicht mit einer Linie durchsetzten Punktes angeben,
ob sie grade oder schräg übereinander liegen, und, da zu
einer genauen Messung 'des Lateralabstandes doch ein Correctionsprisma ermittelt werden muss, so ist der Versuch
auch noch in dieser reducirten Form (des einfachen Punktes)
völlig brauchbar.

Endlich kommen ganz vereinzelte Patienten vor, deren
Aufmerksamkeit von der blossen Vorstellung verticaler Con-
touren so erfüllt ist, dass sie selbst für die Doppelbilder eines
einfachen Punktes eine senkrechte Flucht herzustellen suchen
und zu diesem Zweck Fusionsanstrengungen — wenn man
es noch so nennen darf — einleiten. Man erkennt es wieder
dadurch, dass in einem gewissen Drehungsbezirke die Doppelbilder fortfahren, gerade übereinander zu liegen. Hier hat
man sich zunächst dadurch zu helfen, dass man den Punkt
selbst äusserst fein nimmt, im Nothfall aber demselben einen
kurzen schrägen Strich substituirt und das Blatt, auf welchem dieser Strich verzeichnet ist, während des Versuches
dreht. Alsdann verschwinden, aus Gründen, die der Leser
sich wohl selbst entwickeln kann, die erwähnten Fusionsanstrengungen, resp. es erlöschen die sie anfachenden Vorstel-
lungen. Im Allgemeinen fördert es auch, den ganzen Versuch
rasch anzustellen, da sich die aus der Vorstellung hervorge-
henden Fusionsanstrengungen nicht augenblicklich einstellen.
— Ich wiederhole indessen, dass die letzteren Schwierigkei-
ten sich äusserst selten geltend machen, und wird man mit
dem Gleichgewichtsversuch durchschnittlich sehr gut zu Stande
kommen, wenn man in der ursprünglichen Form dessen Correct-
heit durch minimale Drehungen des Prismas (von der Position
aus, in welcher die Linie einfach erscheint) prüft und nöthigen-
falls die kürzere Linie oder den einfachen Punkt*) substituirt.

---

*) Es könnte wohl auch zweckmässig erscheinen, diese letztere
Form des Versuches als die durchgängig correctere von Anfang an
zu benutzen, allein es ist am leichtesten für die Patienten, Lateral-

Nachdem in dieser Weise und mit diesen Cautelen die Gleichgewichtsstörung in der Distanz des Arbeitens ermittelt und (durch ein laterales Correctionsprisma) gemessen ist, wird man zunächst gut thun, dasselbe für etwas grössere Entfernungen zu wiederholen, um sich sofort eine ungefähre Einsicht in das Verhalten der Gleichgewichtsstörung längs der Sehstrecke zu verschaffen. Endlich stellt man denselben Versuch in der Entfernung an, für welche ganz zweckmässigerweise der punktirten Linie ein brennendes Licht — auch hier ist die Aufmerksamkeit vorwaltend durch die Flamme gefesselt, wie dort durch den Punkt — substituirt wird. Ein excessives Gewicht hinsichtlich der Operationsfrage ist indessen auf die Ergebnisse dieser letzteren Versuche nicht zu legen, denn es kann, worauf bereits in Abschnitt V hingewiesen worden ist, für die Entfernung jedwede Spur von dynamischer Divergenz fehlen, selbst eine gewisse dynamische Convergenz vorhanden sein, ohne dass dadurch die Operation ihre Zulässigkeit verliert.

Den zweiten integrirenden Theil der Untersuchung bildet vielmehr die Bestimmung der Abductionsfähigkeit für die Entfernung. Wenn die Gleichgewichtsstörung in der Nähe eine operative Abhülfe wünschenswerth macht, so wird diese letztere durch eine ausreichend excursive Abductionsfähigkeit für die Entfernung (facultative Divergenz) sanctionirt. Um das wirkliche Grenzprisma zu finden, welches für die Entfernung durch willkürliche Divergenz überwunden wird, müssen folgende Regeln befolgt werden:

1) muss man von geringen Objectabständen anfangen. Es ist ja ein für die Bestimmung der Fusionsbreite durchgängig gültiges Prinzip, dass man nicht vom Terrain des Doppelsehens, sondern von dem des Einfachsehens beginnt und so die Anforderungen successive steigert. Ich fange gewöhnlich damit an, dem Patienten ein starkes, etwa 18gra-

abstände anzugeben und zu taxiren, wenn eine Linie die verticale Flucht bezeichnet und am allerleichtesten, wenn die Doppelbilder dieser (langen) Linie noch theilweise neben einander stohen.

diges Prisma aufzusetzen und entferne dann die Kerze allmählig so weit, bis gleichnamige Doppelbilder aus einander
weichen. Die Distanz, in der dies geschieht, giebt schon
einen ungefähren Anhaltspunkt betreffs des Abductionsvermö-
gens; geschieht es in 5', so wird man den Versuch mit einem
16gradigen, geschieht es in 3', mit einem 14gradigen Prisma
wiederholen u. s. w., immer aber muss man ganz allmählig
mit dem Object von der Nähe in grössere Entfernung über-
gehen, widrigenfalls man zu geringe Grenzprismen erhält;

2) zeigt sich die Abductionsfähigkeit verhältnissmässig
zu der in geringen Distanzen stattfindenden Gleichgewichtsstörung sehr gering, resp. unter dem für die Operation als
minimum einzuhaltenden Werthe (8⁰), so thut man gut, dem
Patienten zunächst das Prisma, welches er überwindet (besser
zwei, deren Summe jenem äquivalent), in Brillenform tragen
zu lassen und nach einiger Zeit wieder zu untersuchen. Sehr
häufig findet man bereits nach einigen Stunden die Abductionsfähigkeit um Prisma 2⁰ bis 3⁰, nach einigen Tagen um
Prisma 4⁰ bis 5⁰ stärker und gelangt nun zu einer willkürlichen
Divergenz, welche die Operation im Gegensatz zu der ursprünglich gefundenen durchaus indicirt. Es ist diese Er-
scheinung, welche offenbar auf dem Mangel an Uebung, absolute Divergenzen einzuleiten, beruht, bereits oben (s. pag.
238) gedacht worden;

3) hat man, so wie sich bei der allmähligen Entfernung
des Objectes zuerst Doppelbilder zeigen, auf ein strictes
horizontales Niveau derselben zu achten. Ist dieses nur ein
approximatives, so ist es zunächst durch eine, gewöhnlich minimale, Neigung des Prismas zu vervollkommnen, und
Patient überwindet dann oft nicht allein das in Gebrauch gezogene Prisma bis in die Entfernung, sondern noch ein weit
stärkeres. — Einmal kann es sich ereignen, dass der Unter-
sucher bei der Haltung des Prismas von der streng horizontalen Lage um ein Geringes abweicht und dadurch Höhenunterschiede künstlich erzeugt, welche die Fusion erschweren,
sodann aber gesellt sich gar nicht selten bei den betreffenden

Patienten zu der Störung des lateralen Gleichgewichts eine
geringe Störung des Höhengleichgewichts hinzu, mit deren
Correction erst die Abductionsfähigkeit ihren vollen Werth
erlangt. Auf letzteren Umstand, der nicht selten überhaupt
eine die Therapie erschwerende Verringerung der Fusionsbreite
bedingt, komme ich später noch zurück. So wird z. B. als
Grenzprisma ein Prisma von 8° ermittelt, aber es zeigt sich,
dass da, wo zuerst die gleichnamigen Doppelbilder auftauch-
ten, sofort ein Höhenunterschied, entsprechend Prisma $1/_2$°,
zugegen war, der wohl für sich durch verticale Fusionsanstrengung überwunden worden wäre, aber inclusive der bereits angewachsenen Abductionsanstrengungen zu hohe Anforderungen setzt. Corrigirt man denselben durch eine
minimale Drehung des Prismas, so gelangt man nun zu einem
Abductionsprisma 12° oder mehr. Und immer wieder muss,
so wie die Doppelbilder von einander weichen, dieselbe Frage
an den Patienten gerichtet werden, ob ein vollständiges
horizontales Niveau obwalte. Ist sich der Patient hierüber
selbst nicht ganz klar, so mache man dicht hinter dem vorläufigen
Nullpunkt der Diplopie kleine probatorische Drehungen und
sehe zu, ob jener Nullpunkt nicht weiter heranrückt, resp.
ob nicht noch stärkere Prismen überwunden werden.

Ebenso wie häufig aus Mangel an Umsicht zu kleine
Grenzprismen für die facultative Divergenz gefunden werden,
so kommen auch zuweilen Irrthümer nach der anderen Richtung hin vor. Hierfür dürfte hauptsächlich Folgendes zu be-
merken sein:

1) muss man sich ja davor hüten, dass Patient nicht
unter dem Prisma excludirt. Von den Practicanten in der
Klinik, die auf Grund dieses Fehlers zu übertrieben starken
Prismen gelangen, höre ich dann häufig die Motivirung, dass,
da bei der geringsten Neigung des präsumirten Grenzprismas
sofort Doppelbilder hervorgetreten seien, und ausserdem das
nächst stärkere Prisma constant gleichnamige Diplopie erzeugt
habe, die Unterdrückung des einen Bildes füglich nicht annehmbar gewesen sei. Diese Gründe sind aber unzureichend,

denn bei Patienten, die sich gewöhnt haben, periodisch zu excludiren, wie es ja hier häufig der Fall ist, tritt a) oft genug dieser Vorgang für Bilder ein, die in demselben Niveau liegen, während er mit Einleitung des geringsten Höhenunterschiedes aufhört; b) wird aus Gewohnheitsrücksichten grade für gewisse Excentricitäten des einen Bildes excludirt und nicht über dieselben hinaus.

Man soll sich, da ein Missgriff in dieser Beziehung ein völlig unrichtiges Operationsresultat verschulden würde, bei Wahrscheinlichkeitsgründen nicht beruhigen, sondern muss absolut sicher sein, dass wirklich das vorgehaltene Prisma durch adäquate Divergenz der Sehlinien überwunden wird. Und diese Ueberzeugung kann man sich leicht verschaffen, indem man bei vorgehaltenem Grenzprisma successive beide Augen schliessen lässt. Befand sich das mit dem Prisma bewaffnete Auge in der der Refractionswirkung entsprechenden Abduction und das unbewaffnete in directer Fixation, so wird, wenn man das eine oder das andere Auge verdeckt, genau die frühere Stellung beibehalten und nicht die mindeste Rotation zur Einhaltung der Fixation ausgeführt werden. Ward dagegen excludirt, so sind zwei Dinge möglich: entweder das unbewaffnete Auge war in der directen Fixation und das excludirte bewaffnete Auge stand nicht in der der Prismawirkung entsprechenden Abduction; oder das bewaffnete Auge war das schtüchtigere und hatte deshalb mittelst einer der Prismawirkung entsprechenden Abduction die Fixation übernommen, doch war diese von einer associirten Bewegung (Adduction) des unbewaffneten Auges begleitet gewesen. Im ersteren Falle wird bei Verdecken des unbewaffneten Auges auf dem bewaffneten eine Rotation nach aussen erfolgen, im letzteren wird ein Gleiches (Einrichtungsdrehung aus der früheren Adduction) auf dem unbewaffneten Auge eintreten, wenn das bewaffnete Auge verdeckt wird. — Niemals darf man meines Erachtens diese Probe als Sicherstellung gegen Exclusion unterlassen. Der Vorschlag, eine etwa vorhandene Exclusion durch gefärbte Gläser aufzudecken,

ist hier nicht am Platze, denn da sich die Fusionsbreiten
unter gefärbten Gläsern ganz anders verhalten, als bei freien
Augen, so ermitteln wir durch jene nicht das, was wir suchen.

2) Ein zweiter Fehler ist der, dass man das Grenzprisma bei horizontaler und nicht bei gesenkter Blickebene ermittelt. Grade bei den betreffenden Patienten sind
die Unterschiede der Gleichgewichtslage nach dem Höhen-
stande der Blickebene oft sehr ausgeprägt, und dürfen wir als
Maass· für die Operation nur dasjenige Grenzprisma nehmen,
welches bei einer um 15⁰ bis 20⁰ gesenkten Blickebene überwunden wird. Es kann vorkommen, dass durch diese Regel
Fälle von der Operation ausgeschlossen werden, welche,
wenn eine Prüfung in der horizontalen Blickebene zu Grunde
gelegt ward, durchaus geeignet erschienen. Man findet z. B.
bei stark gesenkter Blickebene Grenzprisma nur von 6⁰, bei
horizontaler· von 9⁰ bis 10⁰ u. s. w.; wird letzteres Maas benutzt, so bleibt eine der störendsten Formen von Diplopie
(nach unten, bei der Arbeit) zurück.

3) Endlich muss man sich überzeugen, dass das betreffende Prisma nicht blos momentan, sondern auf die Dauer
überwunden wird. Es ist zwar die Regel, wie wir schon
oben (Abschn. V und Eingang dieses Abschn.) hervorgeho-
ben haben, dass die Abductionsfähigkeit allmälig steigt, aber
es kommen auch Patienten mit eigenthümlich energielosen
Muskeln vor, bei denen ein betreffendes Prisma einen Augenblick überwunden wird, während nachher in unbesiegbarer
Weise die Doppelbilder auseinanderweichen. Zur Sicherstellung reicht es gewöhnlich aus, den Abductionsversuch
selbst einige Minuten fortzusetzen. Sind die Fälle aber hinsichtlich der Indicationen intricat, so empfiehlt sich auch nach
dieser Richtung — was oben in umgekehrten Motiven vorge-
schlagen worden — dem vorübergehenden Versuche das mehr-
tägige Tragen der Grenzprismen in Brillenform zu substituiren.

VIII.

Besondere Rücksichten sind zuweilen noch vor der
Operation zu nehmen bei denjenigen Patienten, welche für

die Nähe excludiren. Es kann hier der Defect an Adductionsfähigkeit völlig ergänzt werden durch den Grad der für
die Ferne bestehenden Abductionsfähigkeit, viel häufiger aber
ist diese Ergänzung defectuös, indem die facultative Divergenz
ganz fehlt oder vergleichsweise von geringem Betrage ist; es
kann sogar für die Entfernung die binoculare Fixation einer
reellen Convergenz gewichen sein. Im ersteren Falle haben
wir eine normale Adductionsbreite*), lediglich mit Verrückung beider Grenzen in gleichem Sinne und Grade, in
den beiden letzteren aber Verringerung der Adductionsbreite
mit Verrückung der Grenzen in ungleichem Grade, resp.
selbst in ungleichem Sinne vor uns. Dass die erstere Kategorie die allergünstigsten Bedingungen für die Therapie
darbietet, ist selbstverständlich. Laut Voraussetzung wird
hier dasselbe Prisma, welches die Grenze der facultativen
Divergenz bezeichnet, auch die Lage des binocularen Punctum proximum ausgleichen, und so gut als dieses Prisma
beide Adductionsgrenzen normirt, wird es auch ein, demselben aequivalenter operativer Eingriff thun können. In der
zweiten Kategorie dagegen, die unendlich umfangreicher,
wird, wenn die Adductionsfähigkeit für die Ferne nur einen
geringen Bruchtheil des Adductionsdefectes für die Nähe re-
präsentirt, auch das durch jene gegebene Operationsmaas die

---

*) Unter Adductionsbreite verstehen wir den gesammten,
für die Sehlinienconvergenz disponiblen Spielraum. Fusionsbreite
bedeutet den bei einem bestimmten Accommodationszustande disponiblen Spielraum der Sehlinienconvergenz. Adductionsbreite
und Fusionsbreite verhalten sich also ähnlich wie absolute und
relative Accommodationsbreite. Fusionsbreite ist die relative Adductionsbreite; hier gewährt der Accommodationszustand die Beziehung,
wie bei den Accommodationsbreiten die Sehlinienconvergenz. Nothwendig wird — ganz analog den Accommodationsverhältnissen —
eine bedeutende Herabsetzung der Adductionsbreiten Verringerung
der Fusionsbreiten zur Folge haben, während andererseits bei guter
Adductionsbreite die Fusionsbreiten relativ sehr beschränkt sein
können.

Lage des Punctum proximum nur in einer untergeordneten
Weise ausbessern können. Fehlt die facultative Divergenz
vollkommen und ist demnach die Adductionsbreite um den
vollen Ausfall positiver Adductionsfähigkeit, der sich vorfindet,· beschränkt, so kann, wie bereits mehrfach bemerkt,
überhaupt gar keine Ausbesserung des Punctum proximum
stattfinden, die Operation ist contraindicirt; vollends wird dies
der Fall sein, wenn für die Ferne bereits Strabismus convergens existirt. Was uns in allen diesen Fällen hinderlich in
den Weg tritt, die Operation entweder ausschliesst oder ihre
Resultate beeinträchtigt, ist — die Verringerung der
Adductionsbreite.

Es frägt sich nun, in wiefern wir den Ursachen dieser
Beschränkung beikommen können, um dennoch Terrain für
die Operation zu gewinnen. Wenn auch die mit hohen
Myopiegraden verbundenen Form- und Motilitätsstörungen der
Augen hier wesentlich mitspielen und es beispielsweise ausreichend erklären, wenn ein mit M. $1/_{2}1/_{2}$ behafteter Patient
diesseits 4″ divergirend, für die Ferne convergirend schielt,
so erschöpft sich doch hiermit keineswegs die Herleitung des
Uebelstandes, was schon daraus erhellt, dass wir oft bei
mittleren Myopiegraden eine Verringerung der Adductionsbreite
um $1/_{2}$ und mehr constatiren. Wir finden vielmehr sehr häufig
unter den betreffenden Umständen Bedingungen vor, welche
den Werth des Binocularsehens schwächen, wie Differenzen
der Sehschärfe und des Brechzustandes. Separatübungen des
schwächeren Auges, resp. genaue Ausgleichung des Brechzustandes durch Gläser können hier zur Erweiterung der
Adductionsbreite Nutzen entfalten. Sodann ereignet es sich
auch, dass, wenn einmal für die Distanz des Lesens eine
binoculare Fixation unmöglich geworden ist, und demnach
hierbei Exclusion Platz gegriffen hat, dass Patient auch für
mittlere Entfernung sich zu excludiren gewöhnt, obwohl seine
Fusionsbreiten ihm hier noch sehr wohl Fortbestand des
Binocularsehens gestalten würden. Die Vortheile des Excludirens — Seitens der Musculatur Befreiung von jedweden

Convergenzanstrengungen, Seitens der Accommodation eine bessere Sehweite — tragen zu dieser Nachgiebigkeit nicht wenig bei. Methodische, auf die positive Adduction gerichtete Uebungen, mit sorgfältiger Vermeidung aller Uebermüdung, bei deren Einrichtung zugleich die Vortheile des Excludirens unfühlbar gemacht werden müssen (besonders adducirende Prismen für die Entfernung und Stereoskop), können hier sehr wohl die unbenutzten Fusionsanstrengungen wieder geläufig machen. Die allerglänzendsten Einflüsse habe ich aber von der Ausgleichung kleiner Höhenunterschiede (deren schon theilweise bei Ermittlung der Adductionsfähigkeit gedacht) gesehen, und bin ich jetzt in allen Fällen auffällig verringerter Adductionsbreite zuerst hierauf bedacht. Folgender Fall, der sich bereits vor ellichen Jahren darbot, aber mich damals besonders frappirte, mag als Beleg dienen:

Fräulein de B. stellte sich vor wegen zunehmender Kurzsichtigkeit und „Unfähigkeit, die Augen für die Arbeit zusammenzubringen". Ich fand: M. $^1/_4$, Binocularsehen von der Entfernung bis auf 10", diesseits Divergenz des linken Auges; hart jenseits des Nullpunktes der Deviation, etwa in 11", erwies sich dynamische Divergenz von knapp Prism. 4°, jenseits 18" bis in die weiteste Entfernung dynamisches Gleichgewicht; Abductionsfähigkeit für die Entfernung bei gesenkter Blickebene Prism. 8° — demnach eine sehr starke Beschränkung der Adductionsbreite (etwa um $^2/_3$), durchaus disproportionirt zum Myopiegrade, und sehr geringe Fusionsbreiten, da in der Nähe die dynamischen Divergenzen von mehr als 4° bereits real wurden. — Die Operation war freilich indicirt, doch konnte derselben als Maas nur Prism. 8°, entsprechend der facultativen Divergenz bei gesenkter Blickebene zu Grunde gelegt und deshalb eine Heranrückung des Punctum proximum nur auf etwa 7" erwartet werden. Diese trat vorschriftsmässig ein, allein Patientin konnte weder durch einfache Prismen noch durch die erlaubten concav-prismatischen Gläser das Binocularsehen bis in eine für sie brauchbare Nähe bringen. Gelegentlich einer nach einem halben

Jahre erneuten Untersuchung der Abductionsfähigkeit für die
Entfernung, die sich ziemlich $= 0$ ergab, wurde auf das
horizontale Gleichgewicht strenger als früher geachtet und es
ergab sich, dass für alle Distanzen ein geringes Aufwärtsschielen des linken Auges vorhanden war. Von der Entfernung bis auf einen Abstand von 7", in der Strecke der
binocularen Fixation, hatte auch dieses Aufwärtsschielen
natürlich den dynamischen Character, es entsprach in der
Ferne einem Prisma 1^0, auf 7" einem Prisma 2^0. Diesseits 7" traten neben den realen Divergenzen auch die realen
Hebungen des linken Auges, und zwar auf 4" Abstand,
entsprechend einem Prisma von 3^0, hervor. In mittleren
Entfernungen (von 2' bis 3') konnte ein abwärts brechendes
Prisma 3^0 vor das linke Auge gehalten leicht überwunden
werden, während ein aufwärtsbrechendes von 2^0 und selbst
von 1^0 übereinanderstehende Doppelbilder hervorrief.[*])

Setzte ich nun der Patientin eine Brille auf, rechts
indifferent, links Prism. 2^0 abwärts brechend, so zeigte sich
sofort eine Heranrückung des binocularen Punctum proximum
von 7" bis fast 5", ausserdem aber eine Abductionsfähigkeit
für die Entfernung von 4^0, demnach eine sehr erhebliche
Erweiterung der Adductionsbreite. Eine solche Brille wurde
jetzt verordnet, ausserdem für die Arbeit eine ähnliche mit
Prisma 3^0 (wegen der mit der Nähe wachsenden Höhendiffe-
renz). In 14 Tagen konnte Patientin bis auf $4\frac{1}{4}$" adduciren
und zeigte für die Entfernung Abductionsfähigkeit von 8^0.
Es konnte nun ohne Bedenken eine Tenotomie auf dem zwei-

---

*) Prismatische Höhenwirkungen unter 2^0 oder jedenfalls unter
1^0 stellt man bekanntlich dadurch her, dass man vor jedes Auge
ein seitlich — nach rechts oder links — brechendes Prisma legt
und dann das eine um die Sehlinie dreht. Es wird hierbei, neben
der gewünschten verticalen Refraction allerdings eine kleine Reduction der lateralen Refraction eingeführt, doch fällt diese gerade bei '
dem geringen Postulat in ersterer Beziehung gewöhnlich nicht in
die Wagschale. Im Uebrigen kann man das zu drehende Prisma
auch je nach der Anforderung um 1^0 bis 2^0 stärker nehmen, als das
für das andere Auge bestimmte.

ten Auge verrichtet werden, durch welche das glänzende Endresultat einer Adductionsbreite von ∞ bis 3″ (völlig entsprechend dem Myopiegrade) erreicht ward. Nachdem einmal die Fixation für die Entfernung gehörig eingeübt war, gelang es bald, das zweigradige Prisma mit einem eingradigen zu vertauschen und später auch dieses wegzulassen. Für die Nähe, wo ohnedem der Gebrauch abducirender Prismen zweckmässig erschien, wurde dem linksseitigen Brillenprisma eine leichte Neigung mit der Basis nach unten, dem rechtsseitigen eine leichte Neigung mit der Basis nach oben ertheilt. Derselbe Effekt (fast die dreifache Abductionsbreite der früheren) hätte sich vielleicht auch durch stereoskopische Uebungen (in der Javal'schen Art) erreichen lassen, doch erschien mir die Behandlung mit Prismen unter den hier obwaltenden Verhältnissen, schon wegen des dauernden Einflusses, als die bei weitem zweckmässigere.

Aehnliche Fälle, die keineswegs zu den Seltenheiten gehören, und denen man auch·diejenigen anreihen kann, in welchen eine Ausgleichung des Brechzustandes von auffälliger Wirkung ist, erweisen, dass man wegen einer Abschwächung der Adductionsbreite, die nicht etwa an einen excessiven Myopiegrad mit Nothwendigkeit gebunden ist, die Normirung des Gleichgewichtsverhältnisses nicht sofort aufgeben soll.

IX.

Wenden wir uns nun zu den, den Operationsact näher berührenden Fragen, so ist zunächst die Entscheidung zu treffen, an welchem der beiden Augen die Tenotomie zu vollziehen sei. Häufig allerdings liegt die Entscheidung auf der Hand. Hat sich z. B. reales relatives Auswärtsschielen entwickelt und weicht constant das eine Auge für die Nähe ab, so ist selbstverständlich dieses Auge anzugreifen. Ebenso wird man mit der Wahl nicht zögern, wenn zwar innerhalb der brauchbaren Sehstrecke keine reale Divergenz stattfindet, wenn aber bei übertriebener Annäherung eines Objects, etwa bis auf 4″, 3″ und darunter, constant das eine Auge abweicht. Es ist dies der gewöhnliche Versuch,

der zur Bestimmung der Operationsseite unternommen wird;
man muss bei demselben mit dem Fixirpuncte recht genau
die Medianlinie einhalten, und erhält man meist ein schlagen-
deres Resultat, wenn das Object in einer stark gehobenen
Blickebene angenähert wird, weil sich hier die divergirende
Ablenkung immer bereits auf grössere Abstände und in auf-
fälligerem Grade einstellt.

In manchen Fällen aber zeigen sich die Verhältnisse
ziemlich symmetrisch: bei dem eben erwähnten Versuch sehen
wir bald das eine bald das andere Auge abweichen, wenn
man das Punctum proximum überschreitet; sowie wir nur
im Geringsten von der Medianlinie abweichen, so bleibt
allemal dasjenige Auge in der Fixation, nach dessen Seite
das Fixirobject hinüberneigt u. s. w. — In solchen Fällen
suche man zunächst die Entscheidung in dem Abductionsversuch für die Ferne. Es ereignet sich auch unter diesen
Bedingungen nicht gar selten, dass mit dem einen Auge ein
etwas stärkeres Prisma durch Abduction_überwunden wird,
als mit dem anderen, und eignet sich dann natürlich das
erstere vorwaltend zur Tenotomie. Scheint der momentane
Versuch ebenfalls keinen Unterschied zu ergeben, so lasse
man abducirende prismatische Brillen tragen und sehe zu, auf
welchem Auge die Abductionsfähigkeit sich höher entwickelt *).
Ergiebt sich auch hier völlige Symmetrie, so operire man
dasjenige Auge, dessen Sehschärfe die geringere ist. Ist
das Schielen streng dynamisch, so findet man meist, dass
das eine Auge etwas kurzsichtiger und dasselbe zugleich
weniger scharfsichtig ist. Man könnte deshalb auch die
Regel geben, das kurzsichtigere Auge zu operiren; doch
dürfte dies nur in der Voraussetzung geschehen, dass für
sämmtliche Fälle ‚mit einseitiger Exclusion die Seite der Operation bereits hierdurch bestimmt ist; denn nach eingetretener
Exclusion verhält es sich meist so, dass das für die Nähe

---

*) Begreiflicherweise werden die Differenzen zwischen beiden
Augen nur sehr gering sein. Es handelt sich höchstens um Unterschiede der Abductionsfähigkeit, entsprechend Prism. 1° oder 2°.

fixirende Auge scharfsichtiger und zugleich etwas kurzsichtiger ist. Zeigt sich endlich auch in der Sehschärfe kein
Unterschied, so pflege ich dasjenige Auge zu operiren, an
welchem Patient bei der Arbeit die meisten Beschwerden
empfindet.

Es ist übrigens bei symmetrischer Musculatur immer das
Vollkommenste, auch den Eingriff symmetrisch auf beide Seiten
zu vertheilen, und stehen wir hiervon gewöhnlich nur ab,
weil der kleine Nachtheil einer einseitigen Correction, bei
mässiger Störung des Gleichgewichts, nicht schwer genug in
die Wagschale fällt, um seinetwegen die Unbequemlichkeiten
einer doppelten Operation in den Kauf zu nehmen. Ist aber
die Gleichgewichtsstörung erheblicher, äquivalent einem Prisma
14°, 16° und sind die Verhältnisse der Musculatur völlig
symmetrisch, so würde ich immerhin anrathen, den Effect,
mit der gehörigen Beschränkung jederseits, auf beide Augen
zu vertheilen, so leicht wir auch die bestehende Insufficienz
an sich durch einen einmaligen Eingriff beseitigen können.

X.

Wir kommen nun auf einen integrirenden Punkt, nämlich auf die Dosirung der Operation. Dass das Maas
derselben sich auf den Grad der facultativen Divergenz
gründet und durch das Grenzprisma für die Abduction in der
Entfernung bezeichnet wird, ist früher genugsam dargelegt
und im Verlaufe dieser Blätter selbst mehrfach wiederholt worden. Allein die Möglichkeit, dieses Maas wirklich einzuhalten,
selbst mit kleinen Schwankungen, wird immer noch hier und
da in Zweifel gezogen. Zunächst beruht es auf einem Irr-
thume, wenn man zu verstehen geglaubt hat, der blosse,
durch keine nachträgliche Controle und Nachbehandlung mode-
rirte Operationsact könne eine sichere Graduirung des definitiven Effectes bewerkstelligen. Wahr ist, dass die Einrichtung der Operation hierfür die Grundlage giebt und bereits
engere Grenzen einsetzt, aber innerhalb dieser sind die
Schwankungsgrössen immer noch von Bedeutung und ist die
vollendete Abmessung des Endeffectes nur durch eine drei-

fache Arbeit zu erreichen: 1) durch Anpassung des Operationsactes selbst an das zuertheilte Maas; 2) durch
Controle, resp. regelrechte Correction des unmittelbaren
Effectes kurz nach verrichteter Operation; 3) durch eine
den Endeffect präcisirende Nachbehandlung.
Die blosse Einrichtung der Operation kann schon deshalb den Effect nicht genau bestimmen, weil bei deren Ein-
flusse unberechenbare Nebenumstände mitwirken; so ist die
Muskelelasticität, von welcher grossentheils der Retractionsgrad
abhängt, nicht unbedeutenden individuellen Schwankungen
unterworfen, die Sutur, welche meistens zu Hülfe gerufen
wird, wirkt vollends verschieden nach der sehr variablen
Nachgiebigkeit der Conjunctiva, eine etwa eingetretene subconjunctivale Haemorrhagie setzt eine Spannung, welche die
Wirkung der Sutur vor der Hand steigert u. s. w. Aus der
Einmischung dieser unberechenbaren Factoren ergeht die
Nothwendigkeit, jeden unmittelbaren Operationseffect nach bestimmten Principien zu controliren und zu corrigiren. Wer
dies vernachlässigt, kann von vorne herein keine Ansprüche
darauf machen, die minutiöse Aufgabe, um die es sich handelt, glücklich zu lösen. Endlich lässt sich auch a priori
ersehen, dass, mögen wir die Muskelinsertion verlagern, wie
wir wollen, doch der Gebrauch, den wir den Augen in der
Verheilungsperiode zuertheilen, die Dehnung der frischen
Verbindungsmasse u. s. w. von Einfluss auf die definitive
Gestaltung sein wird. Zugegeben, dass für diese Dinge, falls
wir ein gewisses Durchschnittsverfahren befolgen, auch die
Schwankungen nicht übergross sind, und dass wir deshalb
auch nicht immer besondere auf dieselben bezügliche Rücksichten zu nehmen haben, so ist andererseits eine Leitung derselben nach der einen oder anderen Seite ohne Zweifel
von Einfluss und liefert ein werthvolles Mittel, kleine Ab-
weichungen der Resultate in den ersten Heilungsperioden zu
beherrschen auf den Endeffect zu präcisiren.
Will man sich zunächst über die Graduirung des
Operationsactes einigen, so muss man an eine ge-

wisse, allgemein bekannte Ausführungsweise anknüpfen.
Nehmen wir als solche die bei uns gebräuchliche Form der
Tenotomie, bei welcher eine möglichst kleine Conjunctival-
wunde hart am Hornhautrande verrichtet, das subconjunctivale
Bindegewebe nur an dem einen Muskelrande eben so weit
durchstossen wird, um einen Schielhaken unter die Sehne zu
bringen, endlich diese letzte ganz hart von der Sklera abge-
löst wird, ohne anderweitige Bindegewebslösungen, so können
wir zur vorläufigen Orientirung Folgendes aufstellen: Bei dem
dynamischen Auswärtsschielen (allenfalls in relativ reales
übergegangen) entspricht die einfache Tenotomie einem
Grenzprisma von 16°. Betrug also das Abductionsvermögen
für die Entfernung gerade Prisma 16° oder allenfalls 18°,
17°, 15°, so wird zunächst die einfache Tenotomie verrichtet.
Betrug das Abductionsvermögen Prisma 14° oder darunter,
so muss der Effect sofort durch eine Conjunctivalsutur
beschränkt werden. Bekanntlich kann man je nach der näheren Wirkungsweise der Sutur den Effect einer Tenotomie
beliebig, bis 0, beschränken, ja man kann ihn — worauf das
Princip der Vornähung beruht — sogar negativ machen.
Hieraus resultirt, dass wir in der Conjunctivalsutur das ge-
eignete Mittel besitzen, um die hier zur Sprache kommenden
Reductionen zu erreichen.

Ueber die Wirkungsweise der Sutur gilt im Näheren
Folgendes: Der Effect hängt ab a) von der Richtung der
Sutur, b) von dem Quantum Conjunctiva, das wir hineinneh-
men, c) von der Energie, mit der wir zusammenschnüren.
Hinsichtlich der Richtung, so ist die aufsteigende unwirk-
samer, als die horizontale. Verbietet uns auch die enge
Nachbarschaft der Wunde mit dem äusseren Hornhautrande,
die Naht streng im horizontalen Durchschnitt des Auges an-
zulegen, so können wir ihr doch eine schwächer oder stärker
aufsteigende Richtung von aussen-unten nach innen-oben
geben, je nachdem wir den Effect der Tenotomie mehr oder
weniger verringern wollen. Hinsichtlich b. und c, so erinnere ich hier daran, dass die Conjunctivalsuturen allgemeinhin

nur den Zweck einer Verlagerung der Conjunctiva auf der
Episklera (neben etwaiger Deckung einer Wundfläche), nicht
aber einer Wiederverheilung der Wundränder unter sich verfolgen. Hierzu ist die Conjunctiva viel zu dünn und
nachgiebig; sie rollt sich beim Anziehen der Sutur sofort
nach innen um, so dass die beiden Epithelialflächen in Berüh-
rung kommen. Wir sind deshalb vollkommen in unserem
Recht, wenn wir behufs einer schwachen Suturwirkung die
Wundränder nicht einmal in Contact treten lassen, behufs einer
starken dagegen eine diesen Contact weit überschreitende Annäherung der Stichpunkte bewirken. Es kann begreiflicherweise
durch ein stärkeres Anziehen der Sutur compensirt werden,
was etwa hinsichtlich der Breite der Brücke weniger gethan
ward. Einige Uebung wird natürlich für diese Abmessungen
grössere Sicherheit erschaffen. Für den weniger Geübten
mögen folgende Anhaltspunkte dienen:

Soll die Tenotomie einem 14 gradigen oder 13 gradigen
Prisma gleichkommen, so darf der Effect nur leicht beschränkt
werden: durch eine stark aufsteigende, etwa jederseits 1′′′
Conjunctiva einschliessende, kaum bis zum Wundschluss an-
gezogene Sutur.

Handelt es sich um ein Abductionsprisma von 12 oder
11 Grad, so steige die Sutur nur mässig an, fasse etwa
jederseits 1′′′ Conjunctiva und schnüre bereits bis zum inni-
gen Wundcontact.

Bei Prisma 10° schliesse man bei gleicher Richtung
1½′′′ Conjunctiva in die Sutur.

Bei Prisma 9° und 8° gebe man der Sutur eine möglichst horizontale Richtung, nehme 2′′′ Conjunctiva hinein und
ziehe energisch, wenn auch nicht bis zur äussersten Annäherung der Stichpunkte, zusammen.

Da wir unter einem Werthe des Grenzprisma von 8°
die Operation durchschnittlich nicht anrathen, so werden
auch stärkere Beschränkungen des Effectes als die letzter-
wähnte nicht gar häufig zur Sprache kommen; dennoch aber
kann es sich ereignen, dass bei einer Abductionsfähigkeit

von Prisma 14⁰ und selbst 12⁰ wegen absolut symmetrischer Verhältnisse der Wunsch auftaucht, den Operationseffect auf beide Augen zu vertheilen. In diesem Falle, um etwa dem Maasse eines Prismas 7⁰ oder 6⁰ zu entsprechen, rathe ich nach der äusseren Commissur zu noch eine breitere Conjunctivalbrücke von $2\frac{1}{2}$ bis 3''' einzuschliessen und noch energischer, fast bis zur möglichsten Annäherung der Stichpunkte, zusammenzuschnüren.

Betrug das Grenzprisma mehr als 18⁰, so ist der Effect, selbst wenn die Verhältnisse in der Muskulatur sich nicht als symmetrisch herausstellten, besser zwischen beiden Augen zu vertheilen, ganz nach den Grundsätzen der gewöhnlichen Tenotomie. Es kann indessen exceptionelle Umstände geben, unter welchen wir vorziehen, auch dann noch den vollen Effect an einem Auge zu erreichen, beispielsweise, wenn dieses Auge hochgradig schwachsichtig, das andere sehscharf ist, oder vielleicht an excessiver Reizbarkeit leidet, oder wenn Patient eine Operation an dem besseren Auge ausserordentlich scheut. Es wird alsdann die Vermehrung des Effectes nach den ebenfalls aus der Technik der Tenotomie bekannten Regeln dadurch erreicht werden, dass man die Bindegewebswunde nächst beiden Rändern der Sehne vergrössert und hierdurch die Retraction erleichtert. Sollte ein ganz ungewöhnlich grosses Maas vorliegen, was für unsere Fälle sich kaum ereignet, so würde ich eine kleine Procedur empfehlen, mit welcher man überhaupt den Effect einer Tenotomie in einer ausserordentlich wirksamen und zugleich völlig unverletzenden Weise steigern kann. Man hebt nämlich, nach vernichteter Externus-Tenotomie, hart an der Carunkel mit der Pincette eine Conjunctivalfalte von der Episklera ab, geht durch den medialen Abhang dieser Falte mit der Spitze einer gekrümmten Nadel in den Subconjunctivalraum ein und lässt, indem man den Fasspunkt der Pincette in geeigneter Weise nach dem inneren oberen Hornhautrand verlegt, die Nadelspitze unter der Conjunctiva vorgleiten, bis sie eine 3''', 4''' selbst 5''' breite Conjunctivalbrücke untersticht.

Alsdann wird die Spitze wieder nach aussen durchgestochen
(je nach der Länge des subconjunctivalen Ganges noch
medianwärts vom inneren-oberen Hornhautrand oder selbst
oberhalb des Hornhautscheitels), die Naht bis zur äussersten
Annäherung der Stichpunkte zusammengeschnürt und ge-
schlossen. Das Auge rollt hierbei, je nach der Breite der
umstochenen Brücke, mehr oder weniger stark medianwärts
und die Beweglichkeitsbeschränkung nach aussen wird nam-
haft gesteigert. Ich wiederhole, dass unsere Fälle höchst
selten dies Verfahren *) indiciren und dass, wenn es ausnahmsweise geschieht, immer nur ein verhältnissmässig kurzer subconjunctivaler Gang der Nadel erfordert wird. In
der ganz überwiegenden Mehrzahl der Fälle wird es sich
um Beschränkung des Tenotomie-Effectes durch die Conjunctivalsutur handeln.

XI.

Mit Befolgung der eben gegebenen Regeln wird man
häufig, bei gehöriger Uebung sogar gewöhnlich, aber, wie
es am Eingang des vorigen Abschnittes erörtert wurde,

---

*) Vortreffliche Dienste leistet es mir dagegen bei hochgradigem
Strabismus divergens, und bin ich seit Verwerthung desselben mit
der Vornähung des Muskels weit reservirter geworden; ich vollführe
letztere eigentlich kaum mehr wegen des Grades der Divergenz,
sondern nur wegen namhafter Beschränkung der medialen Beweglichkeit. Vollends aber erreicht man durch das erwähnte Verfahren
bei den excessiven Graden von Einwärtschielen jedwede nur irgend
wünschenswerthe Correction. Es constituirt so zu sagen die Kehrseite
der Conjunctivalsutur und erlaubt eine methodische Vergrösserung
des Effectes ebenso wie jene die methodische Reduction in die Hände
giebt. Man muss aber die „verstärkende Sutur" (im Gegensatz zur
„beschränkenden') mindestens 2½ Tage liegen lassen. Vor Jahren
machte ich, um einen gleichen Zweck zu erreichen, auf der, der
Tenotomie entgegengesetzten Seite einen horizontalen Schnitt in die
Conjunctiva und verwandelte ihn durch eine Sutur gewissermassen
in einen verticalen; ich habe mich aber von der Ueberflüssigkeit
dieser Verletzung zur Genüge überzeugt, indem die subconjunctivale
Sutur ganz dieselbe Flächenverlagerung bewirkt. Ich komme wohl
bei einer anderen Gelegenheit noch einmal ausführlicher auf diese
kleine, aber sehr werthvolle Hülfe zu sprechen.

nicht durchgängig das richtige Maas getroffen haben, und ist, um hierfür Sicherheit zu gewinnen, sofort nach der Operation, resp. nach völlig überstandenem Chloroformrausch*) die Controle des Immediateffectes anzustellen. Obenan steht hier wieder der G l e i c h g e w i c h t s v e r s u c h. Es war ein Fehler, durch welchen die Einsicht in die späteren Wandelungen der Operationseffecte lange erschwert worden ist, unmittelbar nach der ‚Tenotomie die Gleichgewichtsprüfung in der M e d i a n l i n i e anzustellen. Es betheiligt sich hier die transitorische (operative) Insufficienz des zu-

---

*) Der völlige Ablauf der Narkose ist hier nicht blos deshalb nöthig, um verlässliche Angaben von den Patienten zu erhalten, sondern auch deshalb, weil der geringste Rest von Chloroformschläfrigkeit Disposition zur Divergenz unterhält. Bei dieser Gelegenheit sei bemerkt, dass während Betäubungen und während des Schlafes eine e i g e n e p o s i t i v e I n n e r v a t i o n d e r A u g e n m u s - k e l n, die wesentlich von dem R u h e z u s t a n d abweicht, zu statuiren ist; es geht dies schon aus dem höheren (den äussersten Erschlaffungszustand der Interni weitaus überschreitenden) Grade absoluter Divergenz, die an Gesunden während der Narkose beobachtet wird, hervor. Ich führe dies hier an˙ zur Erklärung der von H e l m h o l t z mitgetheilten (s. Phys. Optik pag. 476) und von H e r i n g angezweifelten Beobachtungen über die Stellung der Augen während des Einschlafens. Die Genauigkeit dieser Beobachtungen, deren ich (bei häufigem Opiumgebrauche) ganz ähnliche an meinen eigenen Augen mache, in Frage zu stellen, finde ich nicht den mindesten Grund. Deren Erhärtung bedarf häufiger Wiederholung und besonders günstiger Nebenumstände beim Erwachen, ungefähr so, wie die Reconstruction der Träume. Nur möchte ich in jenen Stellungen nicht einen ungeregelten, vom Trieb des Sehactes entbundenen, sondern einen positiv mit den Innervationszuständen des Schlafes verbundenen Zustand erblicken. Die sehr starken Raddrehungen, welche ich während der Halb-Betäubung an meinen Augen constatire, entsprechen einer vermehrten Trochleariswirkung. Sie lassen sich nicht etwa durch die blosse Abduction bei gehobener Blickebene unter Einhaltung des L i s t i n g 'schen Gesetzes erklären. Dass während des Schlafes auch der Orbicularis activ innervirt ist, lässt sich nicht bezweifeln, und scheint sich demnach die positive Schlaferregung über die centralen Enden des Facialis Abducens, Trochlearis (der rect. sup. stellt wohl nur die übliche Mitaction mit dem Lidschluss dar) zu erstrecken.

rückgelagerten Muskels viel zu sehr bei dem Verhalten
und es stellt sich deshalb auch hier zwischen den Imme-
diateffecten und den definitiven Effecten ein äusserst in-
constantes Verhältniss heraus. Zeigt sich diese Thatsache
durchgängig bei der Tenotomie, so tritt sie nirgends deut-
licher hervor, als bei der Operation des dynamischen Auswärtsschielens. Prüft man in der Medianlinie, so könnte
eine dynamische Convergenz von Prisma 8⁰ bereits die
Befürchtung einer zu starken Wirkung erwecken, während
bei eben diesem Befunde eine noch vorhandene Divergenz
in der gleich zu empfehlenden Electionsstellung uns hiergegen völlig sicherstellt, oder selbst auf einen unzurei-
chenden Effect deutet. Man stelle den Gleichgewichtsversuch (mit dem abwärts brechenden Prisma) in mindestens
10′ Entfernung für eine Richtung an, welche von der
Medianlinie etwa 15⁰ nach Seite des gesunden Auges abweicht und sich um eben so viel unter die horizontale
Blickebene neigt. Wir wollen der Kürze wegen diese
Position des Fixirobjectes die Electionsstellung
nennen. Die Erfahrung hat erwiesen, dass die Immediat-
effecte und die definitiven Effecte*) in dieser Richtung in
einem weit regelmässigeren, der Berechnung mehr unter-
liegenden Verhältnisse stehen, als es für die Medianlinie
gilt, ohne Zweifel weil die operative Muskelinsufficienz, der
transitatorische Factor, sich hier weniger einmischt. In
dieser Electionsstellung nun muss unmittelbar
nach der Operation Gleichgewicht existiren.
Waren die Fälle an der Grenze der Operationsfähigkeit
(entsprechend einem Abductionsprisma von 8⁰ oder 9⁰), so
mag selbst in der Electionsstellung noch eine minimale Diver-

---

*) Auch der Operation des Strabismus convergens wird man,
wenn man sofort die Effecte in der Electionsstellung prüft — hier
fällt die Neigung der Richtung selbstverständlich nach Seite des
operirten Auges — die Nothwendigkeit oder Ueberflüssigkeit einer
zweiten Operation mit weit grösserer Sicherheit voraussehen, als
wenn man in der Medianlinie prüft.

genz, von Prisma 1 bis 2° als richtig gelten, desgleichen, wenn etwa ein grösseres Ekchymom die Conjunctiva anspannt und dadurch die Suturwirkung temporär erhöht. Dynamische Convergenz über Prisma 3° muss allemal für übertriebenen Effect gelten. Geringere Convergenzgrade von Prisma 1°, 2° und eine Spur darüber darf man allenfalls noch gut heissen, wenn es sich um ein hohes Operationsmaas, von Prisma 15°, 16°, handelte und wenn zugleich bei einer Annäherung des Fixirobjectes (immer in der Electionsstellung) auf 4' diese Convergenzen bereits völlig ausgeglichen sind. — Innerhalb der angeführten Grenzen kann man auch die relativ grösseren Operationseffecte da zulassen, wo, entsprechend dem präexistirenden Character des Uebels, nach der Tenotomie noch sehr erhebliche Divergenzen für die Nähe zurückblieben.

Zeigt sich bei diesen Prüfungen ein Resultat, welches die erlaubten kleinen Schwankungen, die durch die Nachbehandlung corrigirt werden mögen, überschreitet, so ist dem entsprechend sofort die Correction anzubringen. Soll der Operationseffect vermindert werden, so muss die zu schwach wirkende Sutur durch eine stärker wirkende (nach den pag. 264 erörterten Grundsätzen) ersetzt werden, resp. es muss da, wo keine Sutur eingelegt ward, eine solche nachträglich eingelegt werden. Soll dagegen der Operationseffect vermehrt werden, so ist eine schwach wirkende Sutur entweder ganz zu entfernen oder durch eine noch schwächer wirkende zu ersetzen, während einer stark wirkenden eine schwächer wirkende substituirt wird. Da bei diesen Substitutionen allemal die früher eingelegte Sutur zuerst aus dem Auge zu entfernen ist, so empfiehlt es sich, an dem von der Sutur befreiten Auge noch einmal den Gleichgewichtsversuch in der Electionsstellung anzustellen. Das comparative Resultat bezeichnet die Wirkung der früheren Sutur und giebt weitere Anhaltspunkte über das einzuführende Plus oder Minus; ja es kann sich, wenn zum Beispiel eine weitere Abschwächung einer ohnedem schwachen Sutur indicirt ist, zuweilen hierbei herausstellen, dass die Sutur völlig entbehrlich ist. Jedenfalls ist der Vergleich der Resultate auch geeignet, dem weniger Geübten Einsicht in die Suturwirkungen, je nach den Modalitäten des Einlegens, zu verschaffen.

Wenn man die eben empfohlenen Vorsichten befolgt, so wird man nicht zu befürchten haben, dass eine reale Convergenz mit Diplopie in der Medianlinie zurückbleibt; dagegen ist man gegen eine temporale Diplopie noch nicht völlig geschützt. Solche temporale Diplopie fällt freilich nur dann in die Wagschale, wenn sie bereits bei einer seitlichen Deviation der Blickrichtung von weniger als < 20⁰ auftritt. Ueber diese Grenze hinaus wird ja die Seitenbewegung der Augen im gewöhnlichen Sehen, bei welchem wir viel lieber die Kopfdrehung benutzen, nicht verwerthet. Um sich nun auch in dieser Richtung gegen ein fehlerhaftes Resultat zu schützen, rathe ich, neben dem Gleichgewicht in der Electionsstellung auch noch den Defect absoluter Beweglichkeit kurz nach der Operation einer Controle zu unterwerfen.

Im Allgemeinen ist der Ausfall an Beweglichkeit nach der Operation des dynamischen Auswärtsschielens weit erheblicher, als in den gewöhnlichen Fällen von realem Strabismus divergens. Wir beobachten, wenn keine Sutur eingelegt ward, in der Regel Defecte von 2¼''' bis 3''' und selbst darüber; nach einer Sutur mittlerer Wirkung Defecte von 1''' bis 1³/₄'''. Nun lehrt zwar die Erfahrung zur Genüge, dass der bei Weitem grösste Theil dieses Defects transitorisch ist, so dass kaum ⅓ oder ¼ desselben dauernd zurückbleibt; allein selbstverständlich knüpft sich an die Verrückung der Beweglichkeitsgrenze noch eine ausgedehntere Herabsetzung der Muskelwirkung in der betreffenden Lateralparthie des Blickfeldes, respective die Ursache temporaler Diplopie. Ich meine deshalb, dass man allzugrosse Beschränkungen der Beweglichkeit unbedingt corrigiren muss, will man mit Sicherheit das Zurückbleiben temporaler

Diplopie vermeiden. Beweglichkeits-Defecte von 3''' und
mehr lasse ich niemals zurück, sondern moderire dieselben
durch eine nachträglich eingelegte Sutur. War das Operationsmaas ein starkes ($>$ Prism. 14⁰), so lasse ich allenfalls
Defecte von 2¹/₄''' bis 2¹/₂''' bestehen; war dagegen das
Operationsmaas ein geringes, so moderire ich selbst Beweg-
lichkeits-Beschränkungen von 2'''. Ein Defect von 1¹/₂'''
darf selbst bei ganz geringem Operationsmaas (von Prism.
8⁰ bis 9⁰) bestehen, ohne dass sich daran die Gefahr lateraler
Diplopie knüpft, immer natürlich in der Voraussetzung,
dass zuvor den Anforderungen in der Electionsstellung Genüge geleistet worden ist.

Es drängt sich nun hinsichtlich der soeben empfohlenen Vorsichten der Einwand auf, inwiefern sich dieselben
in Harmonie bringen lassen mit den für die Electionsstellung zuvor hervorgehobenen Postulaten. Nothwendig wird
die Moderirung des Beweglichkeits-Defects wiederum auf
die Resultate des Gleichgewichtsversuchs influiren, resp.
dieselben stören, wenn sie früher richtig erschienen. Ich
setze z. B. den Fall eines hohen Operationsmaasses (entsprechend Prism. 16⁰); nach einer einfachen Tenotomie
ohne Sutur zeige sich nunmehr in der Electionsstellung das
gewünschte Gleichgewicht, die Controle der absoluten Beweglichkeit ergebe aber einen Defect von 3'''. Wollen wir
diesen, um mit Sicherheit temporaler Diplopie zu entgehen,
durch eine mässig wirkende Sutur bis auf 2¹/₄''' beschränken, so werden wir natürlich in der Electionsstellung wieder einen gewissen Grad dynamischer Divergenz erhalten
und so von den gestellten Anforderungen abweichen. Es
ist begreiflich, dass diesem Dilemma durch eine Operation
an einem Auge nicht zu entgehen ist. Wo sich bei rich-
tigem Resultat hinsichtlich der Electionsstellung zunächst
ein zu grosser Defect seitlicher Beweglichkeit ergiebt, muss
dieser bis auf den zukömmlichen Grad (bei hohem Operationsmaas 2¹/₄''', bei niedrigem Operationsmaas 1¹/₂''') reducirt und der hierdurch entstandene Fehler durch eine spä-

tere Operation am zweiten Auge ausgeglichen werden. Es liegt übrigens in der Natur der Sache, dass sich die fragliche Disharmonie vorwaltend nur bei einem hohen Operationsmaasse äussern wird, welches meist schon · an sich den Wunsch einer Vertheilung des Effectes motivirt.

XII.

Wenn man die an dynamischem Auswärtsschielen Operirten recht genau unter fortwährender Befragung des Gleichgewichtsversuchs beobachtet, so stellen sich in der Regel folgende Wandelungen des Effects ein: Bereits wenige Stunden nach der Operation pflegt eine leichte Zunahme des Effectes zu beginnen, so dass man z. B. 6 Stunden nachher in der Gleichgewichtsstellung dynamische Convergenz, entsprechend Prism. 1 bis 2⁰, vorfindet, da, wo kurz nach der Operation absolutes Gleichgewicht existirte. Diese Zunahme pflegt sich, allerdings in verschiedenen Graden, während der nächsten Tage weiter zu steigern und am 3. oder 4. Tage ihr Maximum zu erreichen. Man findet dann meist in der Electionsstellung dynamische Convergenz, entsprechend Prism. 3⁰ bis 4⁰, zuweilen selbst 5⁰ und noch etwas darüber. In der Medianlinie existirt zu dieser Zeit gewöhnlich starke dynamische Convergenz von Prism. 8⁰ bis 16⁰. Je nach ihrer grösseren oder geringeren Fusionsbreite sehen die Patienten jenseits 4′, 3′, selbst 1½′ in der Mittellinie gleichnamige Doppelbilder. Trotzdem braucht man, wenn nur die Controle unmittelbar nach der Operation richtig gehandhabt ward, einen excessiven Endeffect in keiner Weise zu fürchten. Jene Maximum-Wirkung besteht gewöhnlich einige Tage, verringert sich aber vom 5., 6., 8. Tage ab successive, so dass die Diplopie in der Medianlinie bereits meist in der zweiten, höchstens dritten Woche und die laterale Diplopie (bis zu einer Seitenrichtung von 20⁰) einige Wochen später geschwunden ist.

Die erwähnten Wandelungen des Effectes variiren übrigens nach der Verschiedenheit der Fälle und besonders nach dem stattgehabten Gebrauch der Sutur. Bei stark fassenden Suturen und namentlich da, wo die Conjunctiva sich durch Bluterguss anspannte, steigert sich der Operationseffect in den ersten Tagen stärker als im Durchschnitt; wenn nämlich die Schwellung zurückgeht, weichen auch die Stichpunkte etwas mehr auseinander und nimmt hierdurch die Suturwirkung ab. Wir haben deshalb bereits oben (Absch. XI.) gerathen, in solchen Fällen lieber eine minimale Divergenz in der Electionsstellung zurückzulassen. Sodann kann, worauf ich bei der Nachbehandlung noch zurückkommen werde, durch eine ungewöhnliche Schlaffheit und Zerreissbarkeit der Conjunctiva der Effect der Sutur in einer regelwidrigen Weise abnehmen. Zuweilen beobachtet man auch, ohne dass ich die näheren Gründe anzugeben wüsste, dass, nachdem der Operationseffect laut Resultat des Gleichgewichtsversuchs in den ersten 3 bis 4 Tagen nur in einer sehr mässigen Weise zugenommen hat, alsdann eine ungewöhnlich starke weitere Zunahme erfolgt, welche noch bis gegen Ende der ersten oder Anfang der zweiten Woche wächst und den Immediat-Effect in der Electionsstellung selbst um Prism. 8⁰ steigert. Aber selbst unter diesen Eventualitäten findet, wenn bei der ursprünglichen Controle kein Fehler gemacht war und wenn man die Hülfen der Nachbehandlung nicht unbenutzt lässt, eine völlig erwünschte Ausgleichung statt.

Der Defect absoluter Beweglichkeit pflegt sich einige Tage hindurch nach der Operation ziemlich stationär zu erhalten, dann nimmt er continuirlich ab, beträgt nach 2 bis 3 Wochen die Hälfte des ursprünglichen Maasses und ist ist in einigen Monaten etwa auf $^1/_4$ desselben reducirt. Wurde eine stärker fassende Sutur eingelegt, so fällt er schliesslich fast unmerklich aus.

Wenn man etwas rügen will, so besteht es darin, dass zuweilen Patienten, die nach 3 bis 4 Monaten, also zu einer Zeit, in der man die definitiven Effecte festzustellen gewöhnt ist, den Anforderungen völlig genügen, nach einigen Jahren eine nachweisbare Verringerung der Operationswir-

kung darbieten. Es liegt dies im Gebrauch der Augen
und ist theilweise auf eine ungenaue Befolgung der mitge-
gegebenen Rathschläge zu beziehen. Tritt bei solchen
partiellen Reeidiven wieder eine, die Operation indicirende
Abductionsfähigkeit für die Entfernung ein, so ist die Com-
pensation natürlich nach den allgemeinen Regeln der Tenotomie auf dem zweiten Auge auszuführen.

XIII.

Es erübrigt noch, einige Worte über die N a c h b e h a n d -
l u n g anzuschliessen, in welcher, wie wir (Abschn. X.) erörtert hatten, neben dem Operationsacte und neben der Controle des Immediat-Effects ein Mittel liegt, den Endeffect
den vorliegenden Postulaten anzupassen.

Ein immobilisirender Verband während der ersten 24
Stunden ist hier besonders zweckmässig, um gegen eine
Verschiebung der abgelösten Theile zu schützen und die mög-
lichste Erhaltung des Immediateffectes zu erwirken. Ferner
ist es, wo eine Sutur angelegt war, erforderlich, den Patienten 6 bis 8 Stunden nach der Operation wieder zu sehen und
den Gleichgewichtsversuch in der Electionsstellung anzustellen. Dass man alsdann den Operationseffect etwas
grösser, als kurz nach der Tenotomie findet, ist bereits im
vorigen Abschnitt als reguläres Vorkommniss hingestellt
worden. Es kann sich aber ereignen, dass diese Zunahme
das gebührende Maas überschreitet, dass z. B. bereits um
diese Zeit eine Abweichung von dem Immediateffect, entsprechend Prism. 5^0, 6^0 und mehr, stattfindet. Dies beruht
in seltenen Fällen darin, dass die Sutur völlig durchgerissen
ist, weit häufiger darin, dass eine besonders nachgiebige
Conjunctiva durch Aufreissen der Stichpunkte von der
ertheilten Stellung zurückgewichen ist, in noch anderen
darin, dass eine ursprünglich vorhandene Ecchymosirung,
welche die Suturwirkung erhöhte, sich zurückgebildet
hat. In dem einen oder anderen dieser Fälle muss man die
Sutur lösen und eine neue einlegen, welche, wie nach der
Operation, in der Electionsstellung Gleichgewicht herstellt.

Das Nachgeben der Sutur wirkt in einer integrirenden Weise auf den Operationseffect nur, wenn es in den ersten 10, in einer unvollkommenen allenfalls, wenn es in den ersten 20 Stunden stattfindet. Ich habe mich hiervon überzeugt, indem ich in den allerverschiedensten Terminen nach der Operation die eingelegten Suturen entfernte und die nun entstehende Wandlung theils mit dem Zustand, der beim Liegen der Sutur stattfand, theils mit demjenigen verglich, der nach der Tenotomie vor Einlegung der Sutur beobachtet ward.

Im Näheren hat sich bei diesen Versuchen herausgestellt: dass, wenn man eine Conjunctivalsutur 2, 4, 6 Stunden nach der Operation entfernt, genau dieselbe Stellung wieder eintritt (laut Resultat des Gleichgewichtsversuchs in der Electionsstellung), welche vor Einlegen der Sutur vorhanden war. Es ist also innerhalb dieser Fristen noch keine die Stellung influencirende Adhärenz der inneren Conjunctivalfläche mit der Episklera eingetreten. Wurde die Sutur nach 8, 10, 12 Stunden entfernt, so trat in einzelnen Fällen ebenfalls noch die frühere Stellung, wie sie vor Einlegen der Sutur bestand, wieder ein; in den meisten Fällen aber etablirte sich eine intermediäre Stellung zwischen jener und derjenigen, welche bei liegender Sutur bestand. Zuweilen zeigte sich auch unmittelbar nach dem Herausnehmen der Sutur in dieser Frist ein Fortbestehen der Stellung, aber nach einigen Minuten ein Zurückgehen in eine Intermediärstellung, oder selbst in die Stellung, wie sie vor dem Einlegen der Sutur bestand. Es hat also zweifelsohne innerhalb dieser Frist ein Beginn von Flächenadhäsion Platz gegriffen, die aber noch ausserordentlich zart ist und sich leicht wieder löst. Wird die Sutur zwischen 12 und 18 Stunden entfernt, so beobachtet man bereits in der Regel (bei völlig ruhigen Patienten und weiterem Verband) ein unverändertes Fortbestehen der Stellung, in einzelnen Fällen jedoch noch ein Rückgehen zu einer intermediären, und, falls die Kranken beim Herausnehmen sehr unruhig sind, selbst zu der primitiven (suturlosen) Stellung. Nach der 18. Stunde hat das Herausnehmen der Sutur keine Einwirkung mehr auf die Position, wenn nicht etwa bei besonderer Unruhe der Patienten oder durch Absicht des Operateurs die Conjunctiva während des Herausnehmens der Sutur besonders angezerrt wird. Es sind dann die Flächenverklebungen jedenfalls kräftig genug, um die Stellung zu sichern.

Weit seltener ereignet es sich, dass man bei der Abendvisite nach der Operation den Effect der Tenotomie verringert findet, so dass Patienten, die in der Electionsstellung Gleichgewicht darboten, nunmehr wieder mehrere Grade Divergenz zeigen. Es erklärt sich dies durch eine

nachträgliche Ecchymosirung oder auch durch einige ent-
zündliche Anfschwellung der in der Sutur eingeschlossenen
Conjunctiva, wodurch die Spannung zunimmt und die
Stichpunkte mehr angenähert werden. Ist die Wandlung
nur mässig, etwa entsprechend Prisma 2 oder 3⁰, so enthält
man sich, besonders wenn das Operationsmaas gering war,
jeder Correction; es pflegt bereits am folgenden Tage unter
Rückbildung der Ecchymosirung oder der Schwellung der
erwähnte Zuwachs wieder in der Abnahme zu sein. Ist die
Wandlung dagegen bedeutend, entsprechend Prisma 5⁰, 6⁰,
so ist eine Correction nöthig. Löst man die Sutur zu dieser
Zeit völlig, so schlüpft, wie bereits erwähnt, das Auge in
die primitive Stellung, wie sie vor Anlegung der Sutur
bestand, zurück. Es wird also das definitive Weglassen
derselben nur etwa da am Platze sein, wo das Operationsmaas ohnedem sich an der Grenze der Indication für die
Sutur befand. Unter allen andern Umständen muss man
darauf bedacht sein, nach Entfernung der Sutur eine
neue, weniger wirksame, einzulegen. Immerhin soll man,
namentlich wenn die Besichtigung des Patienten später
als zur 8. Stunde fiel, nach Entfernung der Sutur den
Gleichgewichtsversuch anstellen, da vielleicht ausnahmsweise schon eine die Stellung etwas influencirende Flächenadhäsion eingetreten sein könnte. Es ist die Anstellung
des Versuchs nach entfernter Sutur auch aus dem bei
Controle des Immediateffects angeführten Grunde räthlich,
dass man aus dessen Resultate recht genau das Quantum
von Wirkung für die neu einzulegende Sutur entnimmt.
— Man kann übrigens die Verminderung des Operationseffects bei wenig reizbaren Augen auch dadurch corrigiren,
dass man die frühere Sutur am Platze lässt und mit einem
Faden englischer Seide eine kleine Falte Conjunctiva zwischen Carunkel und innerem Hornhautrand untersticht und
umschnürt, in der Weise, nur in viel moderirterem Grade,
wie ich es pag. 265 allgemeinhin zur Vermehrung des
Effects einer Tenotomie empfohlen habe.

24 Stunden nach der Operation findet man; wie ich im vorigen Abschnitte erwähnt, den Operationseffect in der Regel noch etwas mehr gesteigert, als am Operationsabend. Die Sutur darf zwar unter diesen Umständen, da ihr Effect etablirt ist, entfernt werden; bei unruhigen Patienten ist es indessen, namentlich wenn die Steigerung des Operationseffectes ausgeprägt war, räthlich, sie noch einen zweiten Tag liegen zu lassen, damit nicht etwa durch Lockerung der Verlöthungen beim Acte des Herausnehmens der Operationseffect sich über das Maas steigere. — Sollte sich durch ein inzwischen stattgefundenes Ausreissen oder übertriebenes Nachlassen der Sutur eine regelwidrige Steigerung des Operationseffectes, entsprechend Prisma 6⁰ bis 7⁰ und mehr in der Electionsstellung, herausstellen, so muss auch jetzt noch die Sutur entfernt und durch eine neue ersetzt werden, welche Gleichgewicht in der Electionsstellung erzeugt. Wenngleich zu dieser Frist, wie wir erörtert haben, bereits Flächenadhäsionen vorhanden sind, die bei ruhigem Verhalten des Auges die Stellung sichern, so werden dieselben doch ausreichend gelockert, so wie man nach entfernter Sutur den temporalen Wundrand der Conjunctiva fasst und leidlich energisch vom Augapfel abzieht. — Zeigt sich umgekehrt gar keine Vermehrung des Operationseffectes, so ist zunächst die Sutur zu lösen und dem Patienten der Rath zu geben, nach Seite des gesunden Auges hinüber zu blicken. Die hierbei eintretende Innenwendung des operirten Auges wirkt bei den in dieser Periode noch zarten Verlöthungen entschieden steigernd auf die Retraction der abgelösten Sehne.

Am 2. Tage sind ungefähr dieselben Principien für die Nachbehandlung zu beobachten; bei einer dynamischen Convergenz in der Electionsstellung, entsprechend Prisma 2⁰ bis 4⁰, keine specielle Ordination; bei etwas grösserer Convergenz, entsprechend Prisma 5⁰ bis 6⁰, Einlegen einer zweiten, die Wundränder unterstechenden möglichst horizontalen Unterstützungs-Sutur, falls die erstere noch lag,

resp. Wiedereinlegen einer neuen Sutur, wenn die erstere
bereits entfernt war; bei noch höherer Convergenz, entsprechend Prisma 7° und darüber, Entfernung der früheren
Sutur und Einlegen einer stärker wirkenden, nachdem zuvor
die Conjunctiva an ihrem temporalen Wundrand ziemlich
energisch von der Episklera abgezogen ward; bei dynamischem Gleichgewicht eine energischere Richtung des Blicks
nach Seite des gesunden Auges, welche jetzt am besten
durch die üblichen Schielbrillen erreicht wird; bei dynamischer Divergenz Einlegen einer, den Tenotomie-Effect
vermehrenden Sutur auf der inneren Seite der Hornhaut,
selbstverständlich nach zuvor entfernter Conjunctival-Sutur,
wenn dieselbe nicht, wie unter diesen Umständen anzuneh-
men, bereits Tags zuvor entfernt war.

Weichen in den nächsten Tagen, etwa vom 3. bis
zum 6., die Positionen von den Postulaten ab, so wird
man, wo Steigerung des Effectes nöthig ist, noch recht
energisch die associirten Bewegungen nach Seite des
gesunden Auges durch die üblichen Schielbrillen verwerthen. Es ist wohl annehmbar, dass diese Uebungen
auch noch in dieser Periode, wenn auch vielleicht nicht
mehr in grossem Umfange, durch Dehnung der zarten
Verlöthungen auf die definitive Lage wirken. Anders verhält es sich mit den zu etwaiger Beschränkung des Effectes
proponirten Uebungen nach Seite des operirten Auges. Ich
glaube, dass dieselben in den ersten 6 Tagen nach der
Tenotomie eher das Gegentheil von dem, was man be-
zweckt, herbeiführen, denn es wird, so lange bei zarten
Verlöthungen die Anlagerung noch nicht völlig gesichert
ist, eine dauernde Contraction des Externus die Klaffung
der Bindegewebs-Wunde und hiermit den Endeffect eher
vermehren. Diese Uebungen kommen deshalb in so früher
Periode nach der Operation noch nicht, sondern erst später,
und dann in einem ganz anderen Sinne, zur Sprache. — Zeigt
sich in der erwähnten Periode eine Vermehrung des Operationseffects bis auf Prisma 5° allenfalls 6°, so kann man,

wie bereits erörtert, falls früher Alles richtig berechnet war, mit voller Sicherheit auf eine günstige Rückbildung derselben rechnen. Zeigt sich dieselbe aber erheblich grösser, so würde immerhin noch das einzige Mittel zur Correction darin liegen, dass man, unter Abhebung des temporalen Wundrandes mit einem kleinen Schielhaken, die Verlöthungen löst und eine neue Sutur einlegt. Ich glaube jedoch, dass dies kaum je bei einer aufmerksamen Controle des Immediateffects und Ueberwachung in den ersten 3 Tagen nöthig sein wird, wie denn überhaupt alle angeführten chirurgischen Nachhülfen für die Nachbehandlung höchst ausnahmsweise zur Sprache kommen.

In der 2. und 3. Operationswoche hat man, wie erörtert, bereits wieder ein Rückgehen des Operationseffects zu gewürtigen. Tritt dieses nicht in ausreichendem Grade ein, so werden, etwa vom 8. Tage an, mit gutem Erfolg die associirten Bewegungen nach Seite des operirten Auges, welche wir in der früheren Periode widerriethen, benutzt. Die Lagerung der Theile ist jetzt völlig gesichert, so dass ein Zurückweichen, weder bei dauernder Adduction, noch bei dauernder Abduction, stattfindet. Dagegen haben diese Uebungen, immer durch die üblichen Schielbrillen vermittelt, eine anhaltende Dehnung des Internus zur Folge, wodurch, wie die Erfahrung lehrt, gerade in dieser Periode der Widerstand, den dieser Muskel seinem geschwächten Antagonisten bietet, sichtlich gemindert wird. Man sieht deshalb auch unter Einfluss dieser Uebungen jetzt den Beweglichkeits-Defect rascher zurückgehen und die Grenze der Diplopie nach Seite des operirten Auges hinüberweichen. Selbstverständlich sind diese immerhin lästigen Uebungen nur da zu ordiniren, wo die Rückbildung nicht nach den Regeln, etwa vom Ende der ersten Woche ab erfolgt, was wohl theilweise an einer übertriebenen, elastischen Retraction des Internus nach der plötzlichen Verringerung des Widerstandes liegen dürfte.

Fängt übrigens Patient gegen Ende der 2. Woche

wieder an zu lesen, so sind gleichzeitig mit jenen Uebungen für die Arbeit in der Nähe möglichst starke abducirende Prismen zu ordiniren. Umgekehrt empfiehlt sich in diesen und in den späteren Heilungs-Perioden, wenn es sich um Vermehrung des Effectes handelt, ausserordentlich, adducirende Prismen, mit den erlaubten Concavgläsern verbunden, für die Entfernung tragen zu lassen. Ich habe dieses Mittel bereits früher zur nichtoperativen Kur des dynamischen Auswärtsschielens empfohlen und erfreue ich mich immer von Zeit zu Zeit recht schöner Erfolge desselben, da, wo die Indicationen zur Operation nicht vorliegen; eine noch wichtigere Rolle aber spielt dasselbe gerade in der Nachbehandlung der Tenotomie. Auf die Principien der Methode brauche ich hier nicht zurückzukommen.

Dasjenige Mittel, welches uns bei der Nachbehandlung des gewöhnlichen Einwärtsschielens so ausgezeichnete Dienste leistet, nämlich die Verwerthung grösserer oder geringerer Accommodations-Anstrengungen zur Regulirung des Convergenz-Standes*), ist hier ausgeschlossen, denn,

---

*) Von diesem vortrefflichen Verfahren wird zwar jetzt in der Praxis ein sehr umfangreicher, aber noch nicht durchweg ein umsichtiger Gebrauch gemacht. Man darf einem an Strabismus hyperopicus Operirten, selbst wenn sich noch eine ziemlich starke Neigung zu abnormer Convergenz herausstellt, nicht die sein Refractionsleiden corrigirenden Gläser à discretion für alle Zeiten mitgeben, sondern muss ihn womöglich in grösseren Terminen neuen Prüfungen unterziehen, oder, wenn dies nicht statthaft ist, wenigstens darauf aufmerksam machen, mit Verringerung der abnormen Convergenz einen reservirteren Gebrauch von den Brillen für die Entfernung zu machen, resp. dieselben nur für die Nähe beizubehalten oder denselben auch hierfür schwächere zu substituiren. Beobachtet man diese Vorsichten nicht, so kann man zuweilen noch nach 4, 6 Monaten und darüber das Auftauchen eines Uebergewichts des Externus constatiren, welchem sehr wohl durch eine zeitgemässe Verwerthung etwas grösserer Accommodations-Anstrengungen vorzubeugen gewesen wäre. Sofern solche Anstrengungen nicht etwa Ermüdungsphänomene herbeiführen, ist gegen dieselben nicht das mindeste Bedenken

da die Operation des dynamischen Auswärtsschielens vorwaltend als Dienerin der Refractions-Verhältnisse auftritt,
so darf sie eine Unterstützung von dieser Seite her nicht
in Anspruch nehmen. Wir werden vielmehr, wenn die
Tenotomie bei progressiver Kurzsichtigkeit verrichtet war,
für den nachträglichen Gebrauch der Augen, für die Benutzung der Gläser u. s. w. alle diejenigen Vorsichten
auf's Strengste beobachten, welche uns vor Verwendung
grösserer Bruchtheile des Accommodationsvermögens sicher
stellen.

---

zu erheben, da irgend welche gefahrvolle amblyopische Zustände
durch Accommodations-Anstrengungen bei hyperopischen Augen
niemals hervorgerufen werden. Hierin liegt eben ein gewichtiger
Unterschied gegenüber progressiver Myopie. — Die richtige Methode
in der Nachbehandlung der am gewöhnlichen Einwärtsschielen Operirten besteht darin, den dynamischen Gleichgewichts-Zustand periodisch zu bestimmen und je nach den Postulaten grösserer oder geringerer Convergenz die Accommodations - Anstrengungen, sofern nicht
Ermüdungs-Phänomene vorliegen, zu dosiren. Selbst da, wo durch
den grössten Theil der Sehstrecke Binocularsehen wiederhergestellt ist,
kann die nachträgliche Steigerung des Operationseffectes, bei herab-
gesetzten Accommodationsanstrengungen, nach Zeiträumen von 4, 6
Monaten zu einem scheinbar plötzlich auftretenden (weil früher dynamisch vorhandenen) Strabismus divergens führen. Ich habe ein
solches plötzliches „Umschlagen der Augen" nach langer Frist gerade
da beobachtet, wo hyperopischen Patienten, im Vertrauen auf das
wiederhergestellte Binocularsehen, für unbestimmte Zeiten die corrigirenden Convexgläser mitgegeben worden waren. Ueberzeugt man
sich in solchen Fällen durch den intervallenweise angestellten
Gleichgewichtsversuch, dass mehr und mehr dynamische Divergenz
Platz greift, dass endlich die fixirende Stellung fast die ganze positive Fusionsbreite in Anspruch nimmt (die Interni erschöpft), so kann
man auch das scheinbar unerklärliche plötzliche „Umschlagen der
Augen" gut prognosticiren; besser noch ist es demselben vorzubeugen, wenn man bei Zeiten (d. h. bei Beginn dynamischer Divergenz) die Brillen abschwächt oder weglässt.

---

www.ingramcontent.com/pod-product-compliance
Lightning Source LLC
Chambersburg PA
CBHW022014190326
41519CB00010B/1521